牛津大学自然史博物馆的寻宝之旅

[英]凯特·迪思顿（Kate Diston）[英]佐薇·西蒙斯（Zoë Simmons）著

吴倩 译

中信出版集团 | 北京

图书在版编目（CIP）数据

牛津大学自然史博物馆的寻宝之旅 /（英）凯特·迪思顿，（英）佐薇·西蒙斯著；吴倩译. -- 北京：中信出版社，2020.1

书名原文：Rare & Wonderful:Treasures from Oxford University Museum of Natural History

ISBN 978-7-5217-1231-5

I. ①牛… II. ①凯… ②佐… ③吴… III. ①自然科学-普及读物 IV. ①N49

中国版本图书馆CIP数据核字（2019）第269992号

牛津大学自然史博物馆的寻宝之旅

著　　者：[英] 凯特·迪思顿　[英] 佐薇·西蒙斯
译　　者：吴倩
出版发行：中信出版集团股份有限公司
（北京市朝阳区惠新东街甲4号富盛大厦2座　邮编　100029）
承 印 者：北京尚唐印刷包装有限公司

开　　本：880mm × 1230mm　1/24　　印　　张：10　　字　　数：80千字
版　　次：2020年1月第1版　　印　　次：2020年1月第1次印刷
京权图字：01–2019–6020　　广告经营许可证：京朝工商广字第8087号
书　　号：ISBN 978-7-5217-1231-5
定　　价：88.00元

服务热线：400-600-8099
投稿邮箱：author@citicpub.com

目录

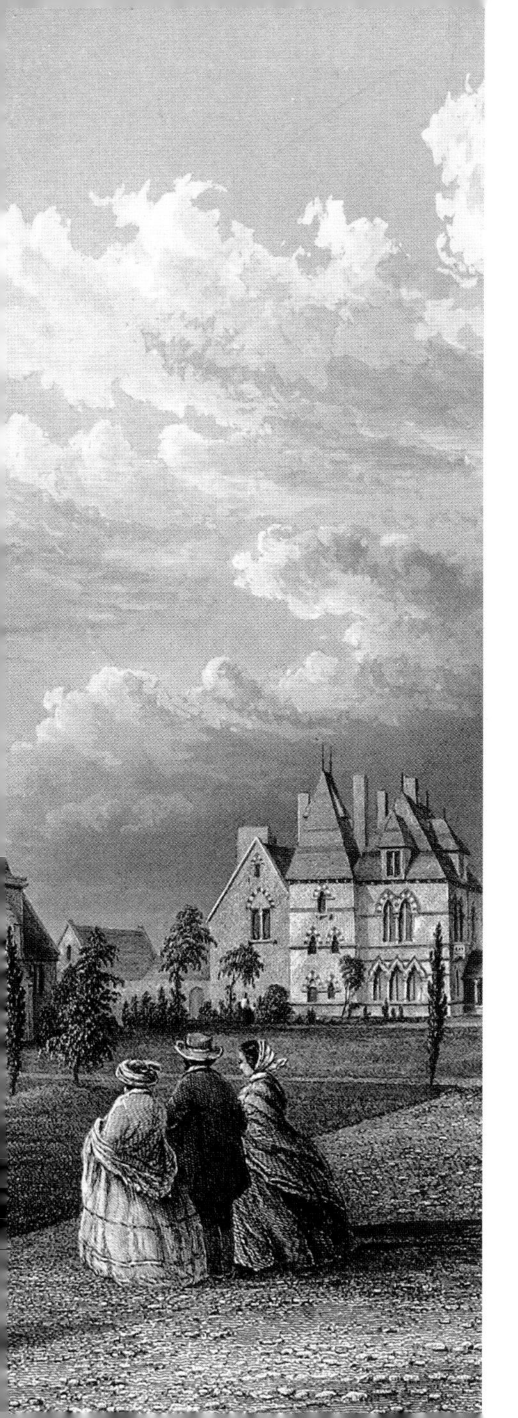

引言

自大学博物馆（后来的牛津大学自然史博物馆）于1860年开放以来，其所有活动都秉持科学发现、思想挑战与创新学习的核心精神。作为世界上最早专门建造的科学博物馆之一，这一独特场所致力于收集和保存各种来源于自然界的事物，以及向公众传授相关知识。在经历约一个半世纪的时光之后，博物馆的这项使命仍在继续。从教育和研究到收藏和公众参与，这项使命是博物馆所有工作的动力源泉。

回到19世纪40年代博物馆构思之初，当时牛津大学的科学藏品主要存放在位于宽街的老阿什莫尔博物馆（现在这里已改为牛津科学史博物馆）。藏品中包括特拉德斯坎特系列藏品，其中就有闻名世界的渡渡鸟标本。还有其他近代读者和学者收集的标本，比如著名地质学家威廉·巴克兰（1784—1856）和昆虫学家弗雷德里克·威廉·霍普（1797—1862）等人。他们的名字随后将多次被提到。

除了老阿什莫尔博物馆的馆藏，博物馆中还有来自牛津基督教堂学院和博德利图书馆的精美科学标本，以及来自其他许多大学和机构的小型藏品，这些藏品原本被存放在当时十分常见的

左图：大学博物馆，1860年，由J. H. 勒科克斯雕刻
次页图：19世纪50年代，博物馆建造中

“珍奇屋”中。那是一个新物种大发现和自然知识大发展的时代。随着学术界的注意力开始转移到新兴的自然科学研究，再加上这些分散收藏的标本没有得到妥善保养，牛津大学开始呼吁为这些珍贵的科学藏品建造一个新的家园。新的博物馆不仅要为藏品提供恰当的存放场所，还将成为牛津大学的科学教育和研究中心。

建造新博物馆的意愿得到了解剖学教授亨利·温特沃思·阿克兰的大力支持。他强烈地感觉到，牛津大学的所有学生都应该有机会接受自然科学方面的教育。[①]虽然1847年提交的申请被拒绝了，但1849年牛津大学终于投票通过了建设新的博物馆的提议。1854年，牛津大学为博物馆的建设投入了4万英镑，并通过竞赛的方式确定这个新的科学殿堂的建筑设计。当时共收到了32份建筑设计稿，最终的获胜者是年轻的爱尔兰建筑师本杰明·伍德沃德。他根据比利时中世纪的布料厅立面进行了设计。受到约翰·罗斯金（1819—1900）设计理念的强烈影响，装饰特征成为这一设计的重要部分，也是十分昂贵的部分。

在科学的学科发展史上，这无疑是一个重要的时期，不仅是在牛津，更是跨越了整个欧洲大陆。新的学科不断建立，大学中的科学藏品也不断增加。当博物馆于1860年正式开放时，它已经涵盖了牛津大学当时所有的理科类别：天文学、几何学、实验哲学、矿物学、化学、地理学、动物学、解剖学、生理学和医学等。这些科目的名称至今仍书写在低层展馆的办公室门上，虽然

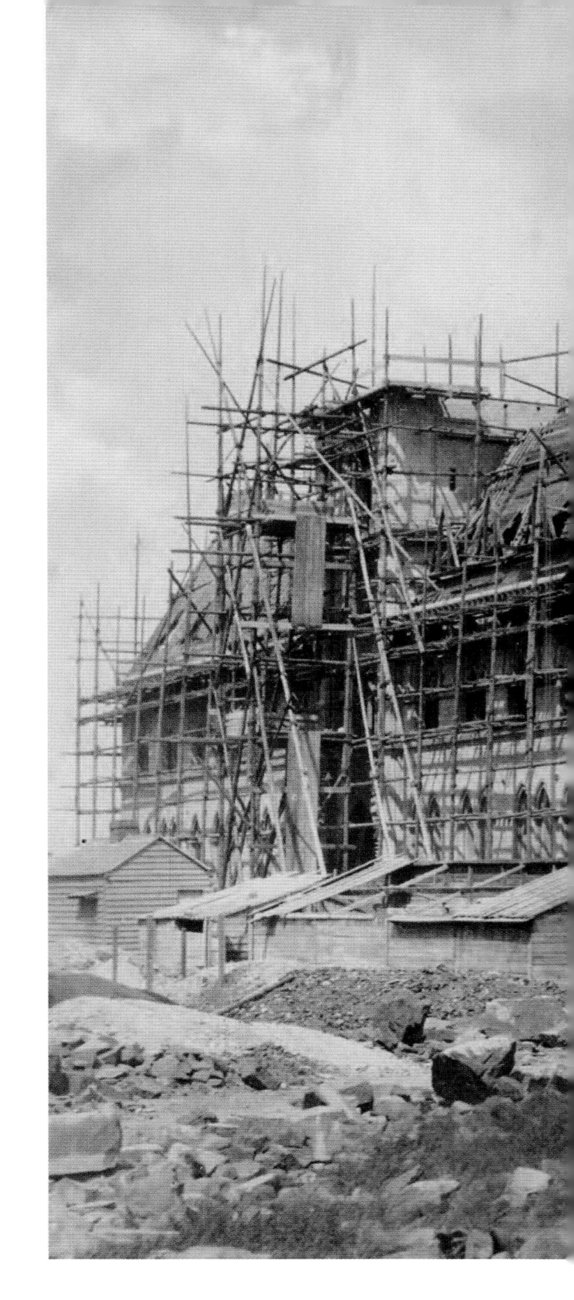

① 牛津大学的历史传统偏重于神学、哲学、历史学等人文学科的教育。——译者注

左图：1893年，博物馆创始人亨利·温特沃思·阿克兰和约翰·罗斯金（萨拉·安杰利娜·阿克兰摄）

现在这里已经是运营、公众参与、信息技术和主管等许多现代博物馆职能部门所在。很难相信，世界上一些最著名、最有影响的自然科学领域竟始于这样一个简单的房间，但博物馆确实迅速地成为牛津大学的科学中心。

没过多久，这座小小的建筑就已经装不下蓬勃发展的自然科学了。新兴的科学院系不断地搬出博物馆，搬入环绕着快速发展的科学园区特别修建的学科大楼里。但众多藏品仍留在博物馆，维持了博物馆与新兴科学院系之间的联系。

虽然众多自然科学院系不再以博物馆为家，但博物馆仍然是牛津大学的自然科学中心。在研究领域，公众参与的重要性日益增加，大学的博物馆正是能够以趣味与意义并存的方式传播科学的独特场所。虽然这在科学领域可能是一个新的发展趋势，但博物馆已经拥有了讨论甚至争辩前沿科学的长期历史。博物馆历史上最重要的事件之一，就发生在其正式开放的同一时期。

1860年6月30日，英国科学促进会在博物馆举办了年会，查尔斯·达尔文当时新出版的《物种起源》一书无疑是大家想要讨论的焦点话题。虽然无人记录讨论的具体经过，但世上从此留下牛津主教塞缪尔·威尔伯福斯与号称“达尔文的斗牛犬”的伦敦生物学家托马斯·赫胥黎之间激烈交锋的传说。这场被后世称为“大辩论”的争辩标志着从宗教统治的思想向科学认识自然界的转变。进化论曾是最受争议的理论之一，而这次辩论也开创了博物馆传播新兴科学思想的先例。

一些著名收藏家的名字将在本书中一遍又一遍地出现，包括：查尔斯·达尔文、威廉·巴克兰、玛丽·安宁（1799—1847）、威廉·约翰·伯切尔（1781—1863）、亨利·温特沃思·阿克兰、约翰·奥巴代亚·韦斯特伍德（1805—1893）和弗雷德里克·威廉·霍普。他们和许多其他人在自然科学的发展过程中起到了重要作用，不仅亲自收集了大量的标本，还为标本藏品汇集和在不同的研究人员之间交流，以及分散到英国各地的博物馆和机构之中做出了重要贡献。无论好坏，他们的遗产都帮助我们塑造了对自然和环境的看法。我们对物质文化的认识与他们的性格密不可分，这就是他们当时的影响力。然而还有一些人，比如摄影师和双翅目昆虫学家埃塞尔·凯瑟琳·皮尔斯，虽然他们的故事可能已经散佚在历史中，但他们同样对自然科学的发展做出了重要贡献。只要有可能，这些都会被从各种档案和标本中挑选出来，用于揭示藏品背后隐秘的美景与奇迹。

能够从博物馆及其藏品中受益的可不只是自然科学领域的研究人员，作家和艺术家也为这些精妙的标本痴迷。渡渡鸟尤其激发了人们的想象，启迪了从贾斯珀·福德到刘易斯·卡罗尔等许多新老作家。凯瑟琳·蔡尔德、珍妮弗·马西森等许多当地的艺术家和前驻校诗人凯莉·斯温等，仍在不断据此创作和展出新的插画及其他艺术品。有一首《渡渡鸟加伏特舞》改编自刘易斯·卡罗尔的《龙虾四对舞》，是专门为本书创作的，目的就是颂扬通过接触博物馆及其藏品而在更广阔的世界中激发出的多彩的创造力。

今天，虽然博物馆所秉持的精神从未改变，但许多其他方面已经有所不同了。藏品的保管方式已经得到了大幅改善，工作人员在标本存放的过程中使用了许多现代材料，也对环境状况进行了监测，以确保标本能够完好地传递给子孙后代。新的技术被应用在记录和保存藏品信息上，以便它们呈现在全球更多人的眼前。现在，博物馆每年接纳超过70万名参观者，远超它首次开放时人们能够想象的接待人数。不仅接待人数在增加，参观者的多样性也在增加，除了当地居民与游客，还有许多的学者和牛津在校生前来参观。博物馆不只是牛津大学科学标本的存放地点，还是激发人们学习自然史知识、推动新一代做出重要科学发现的科教中心。

这些年来，博物馆藏品的内容拓展了，关注点也改变了。现在，博物馆拥有超过700万件科学标本——最新的昆虫标本还未计算在内！其中有500万件以上是昆虫学标本或昆虫，还有大约

上一跨页：今天的牛津大学自然史博物馆内部

50万件古生物学（化石）标本和数量相近的动物学标本。

另外，博物馆还有关于标本藏品和历史上的重要博物学家（例如威廉·史密斯、威廉·琼斯和詹姆斯·查尔斯·戴尔等人）及其相关工作的大量档案资料。博物馆的藏品比创立伊始增加了数百万件，逐渐地填满了场馆大楼和许多外部仓库。为了确保馆藏标本和档案能够真实地反映我们今天所在的自然界，并且能够为未来的科学研究提供信息，不断收集藏品一直是博物馆的重要工作之一，至今仍在继续。

无论对现存的还是已逝去的自然而言，自然史博物馆都是非常重要且无可替代的资料库。由于在任何时段展出的藏品只是所有库存中很少的一部分，因此多数参观者并未意识到展览背后有海量的库存标本。虽然普通游客无法见到这些库存标本，但工作人员、研究者、艺术家和志愿者一直都在幕后默默忙碌着。通过研究自然史博物馆的标本及相关信息，我们能够获得许多关于自然环境和其中生命的知识。分类学研究可以极大地帮助我们了解现存有机体与生命演化之间的关系。生态学研究有助于我们理解物种分布随时间的变化模式。若无此类自然史博物馆中的丰富藏品，这些研究都将难以进行。

博物馆常常被认为是藏品固定、毫无变化的场所，但事实并非如此，尤其是自然史博物馆，它一直处于成长和变化的过程中。当我们想到采集自然史标本时，脑中经常浮现出这样的画面：一位19世纪的独立、富有的绅士，他是一名博物学家，手持笔记本和网兜站在野地里。

上图：博物馆标志性的屋顶艺术装饰

虽然这种浪漫的场景早就不能代表今日自然科学领域的实际状况，但科学家依然在积极地采集标本。也许很多人觉得难以置信，但其实新物种的发现时常占据报纸的头条。这些新物种的模式标本或首次描述的标本通常会成为自然史博物馆的藏品，作为这一发现的重要记录，以及未来关于该物种的生物学发现的比照对象。

已为科学家所知并保存在博物馆中的物种只占地球上所有生命形式的一小部分，随着新物种的发现，它们被采集、记录并为更多未来的科学家所见。

本书所描述的物品从超过700万件标本以及数千件文本、物品和艺术品中挑选而出，仅能够代表馆藏标本中极小的一部分。本书展示的选品无法完全代表那些最具价值、最重要或最著名的标本，虽然确实涵盖了其中的一部分。实际上，它们全都讲述着独一无二的自然史故事，各种关于科学史、牵涉其中的新人与旧人，以及有关牛津大学自然史博物馆本身的故事。它们反映了收集和保护自然史藏品并使其为研究人员和社会所知的重要性，阐述了我们可以收集哪些信息——源自过去和为了未来的信息，关于这个我们生活在其中并成为它的一部分的自然界的信息。从欢迎参观者的博物馆大门开始，以牢固地包覆着博物馆内一切的著名的玻璃天花板结束，本书将带你在这些珍贵藏品中开始穿越时间、遨游世界的旅行。

未完成的拱门

博物馆中有许多典型的维多利亚时期新哥特风格设计的装饰特征，极好地反映了其建造时期的地域特点。其中许多特征受到一些拉斐尔前派艺术家及博物馆的支持者约翰·罗斯金的影响，后者曾与牛津及牛津大学联系密切。虽然漂亮的玻璃屋顶等许多结构能够将设计付诸实践，但由于资金匮乏，还是有很多设计内容无法实现。博物馆的建筑师和设计者在建造罗斯金和阿克兰的“科学殿堂”时试图加入的细节，要比预期中昂贵得多。

其中一部分从未完成的设计就是博物馆的拱门。当时有两种关于拱门的设计方案，第一种出自拉斐尔前派的创始人之一托马斯·伍尔纳，而第二种由伍尔纳及与其同时期的约翰·亨格福德·波伦共同提出。这两种设计都包含宗教肖像符号，尤其是亚当和夏娃。第一种设计被完全弃用，这很有可能是因为它没有很好地将宗教与科学结合在一起，仍然通过传统方式表现亚当与夏娃由于追求真知而被赶出伊甸园。第二种设计得到了部分实现，它同样使用了亚当和夏娃的形象，但将一个天使置于顶部，天使手持书本和生物细胞。曾有传闻，说受雇前来完成这一复杂雕刻的爱尔兰石匠詹姆斯·奥谢和约翰·奥谢由于制作了门廊中的其他石刻而被解雇。然而，实际上两人是由于大学资金匮乏才离去，留下尚未完成的作品。

毋庸置疑，对于很多维多利亚时代的科学家而言，基督教信仰和价值在他们的生活中扮演了重要角色。但是，伍尔纳和波伦的设计证明，在这座博物馆的设计者心中，科学和宗教这两种对立的思想同等重要，而且在他们探索自然界的过程中，科学的重要性逐渐增加。

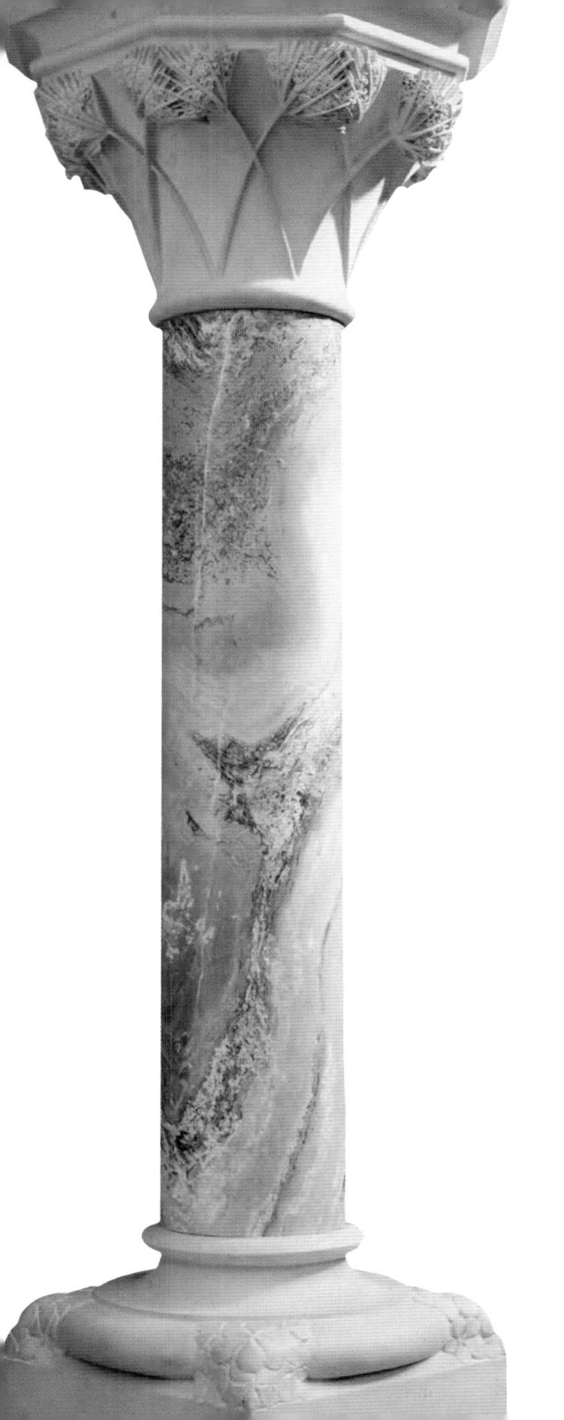

立柱与雕刻

牛津大学博物馆的设计和建造有着非常仔细的规划。所有受邀参与设计和完成建设的科学家和艺术家等，都希望博物馆不仅能够容纳牛津大学日益增多的自然科学标本藏品，还能够为各种科学的学习和研究提供场所。有意激励访客并培养对自然的敬意，这一目的也被融入博物馆的设计之中。

博物馆最终的建筑形态是风靡英国维多利亚时代的新哥特式建筑风格良好而独特的范例，尤其是通体装饰的使用。博物馆由本杰明·伍德沃德和托马斯·迪恩共同设计，同时受到了艺术家和评论家约翰·罗斯金设计风格的影响。罗斯金与亨利·阿克兰一起帮助实现博物馆的建筑设计。

罗斯金认为艺术家必须在作品中进行逼真的表现，鼓励于1848年成立的艺术家团体——“拉斐尔前派”。许多拉斐尔前派艺术家后来也参与了博物馆的设计，包括设计壁画、固定装置和雕塑等。

博物馆建筑中最为引人注目的部分之一是石质立柱，这些立柱表现了博物馆的建筑结构（当然还有其中所存放的标本）是如何起到教学作用的。博物馆首任馆长兼牛津大学地质学高级讲师约翰·菲利普斯（1800—1874）设计了30根围绕大厅的立柱，位于底层和上层画廊。每一根立柱都用不同的英国装饰石材打造，

顶端具有手工雕刻的牛腿[1]，雕刻的内容是一种取自牛津大学植物园的植物。立柱的侧面也装饰着来自同一目植物的雕刻。在最初的设计中，岩石和植物的名称都会出现在立柱的底座上，但最终只雕刻了石材的来源和类型。

使用英国石材是菲利普斯的主意。这些石料本来可能成为博物馆的藏品，而不是一种特色装饰。他选择了几种来自不同地质年代和地点的石材来表现岩石的多样性，并突出展示了变质岩和火成岩。

除了立柱和牛腿，在博物馆的前门廊上围绕着建筑前壁的几扇外窗以及上层走廊栏杆的下方，还有很多雕像。窗户是约翰·罗斯金设计的，现在属于阿什莫尔博物馆。

雕像的主体部分是由一对才华横溢的爱尔兰兄弟约翰·奥谢和詹姆斯·奥谢以及他们的外甥兼学徒爱德华·惠兰完成的，雕刻的酬金通过公众集资支付。1858—1860年间，共筹集了46件雕刻的

① 牛腿（corbel）指墙壁上的托臂/深托，是土木工程和建筑领域专有名词。——编者注

资金。遗憾的是，并非所有的雕刻都按照奥谢的工作标准进行。由于缺乏后续资金，他们没有完成全部雕刻就离开了。最后的牛腿是在20世纪初雕刻的，工艺标准明显降低，这种雕刻质量的对比至今仍能清晰地看到。

次页图：《渡渡鸟及其他鸟类》，19世纪根据1626年勒朗特·萨弗里作品复制

DoDo & Given
G. EDWARDS
F. R. S.

入场曲 《渡渡鸟加伏特舞》

“你会来我的博物馆吗？”
渡渡鸟对大熊说。
“如果你在这里花上几个小时，
将会有十分伟大的发现。”

“在这些圆拱之下，
展示着种种科学：
与宏大的维多利亚戏剧一起，
‘自然的真相’是我们的目标。”

你会吗，不会吗，
你喜欢地质学吗？

“钢铁与岩石打造的植物
在明亮的陈列室中，
你能看到最大的抹香鲸下巴
和最早被命名的恐龙骨头。”

“当布鲁斯特女士听到进化论而昏厥时，
‘达尔文的斗牛犬’与‘油嘴儿塞缪尔’
雄辩之处何在？”

你会吗，不会吗，
你喜欢动物学吗？

“在莱姆雷吉斯的古老悬崖上，
玛丽找到了一条鱼龙：
现在它与上千件化石一起，
躺在博物馆中。”

“你可以拥抱狼蛛，
感受石头变成黄铁矿，
惊叹于逝去的袋狼，
看到远古的三叶虫。”

你会吗，不会吗，
你喜欢古生物学吗？

“二维和三维的复杂分子，
结构被绘出，
多萝西创造了历史，
获得了诺贝尔奖章。”

“来我的博物馆里，
看一看这些宝石和昆虫吧，
所有的科学研究都对你敞开，
你将流连忘返！”

你会吗，不会吗，
你喜欢昆虫学吗？

“到灭绝物种曾经生活的地方，
来看一看这里会飞翔的鱼，
有红外线下的昆虫，
奇迹点亮了这里的天空。”

你会吗，不会吗，
你喜欢自然史吗？

凯莉·斯温

伴随着一曲《渡渡鸟加伏特舞》，
我们的寻宝之旅正式开始——

第一段旅途

生命留下的珍贵印迹

一个半世纪的宝贵积淀
最具代表性的稀有化石和标本
让我们大饱眼福
惊叹于生命的进化奇迹

渡渡鸟

作为物种灭绝的代名词，多年以来，渡渡鸟（*Raphus cucullatus*）所代表的意义已经远远超过一种不会飞的鸽子。渡渡鸟首次被记录于1598年，灭绝于1662年。这一物种现在已经被层层迷雾与故事环绕，其中最著名的当属一种迈着鸭子步的、略显蠢笨的胖鸟，被造访它生活的岛屿的水手们吃到灭绝的故事。

作为毛里求斯的特有物种，渡渡鸟是一种地栖性鸟类。在它们生活的岛屿上，没有哺乳动物掠食者会侵扰它们的巢穴。各方说法都表明它们的肉实在称不上美味，因而即使确实是人类的原因导致它们灭绝，也应当是生境（栖息地）退化和荷兰水手将此地作为长途航行中的停歇地时引入家猪的综合结果。猪是陆地食腐动物，食欲贪婪。独立进化而来的渡渡鸟在它们面前毫无招架之力。

鉴于渡渡鸟在现代文化中的著名程度，得知尚存于世的渡渡鸟标本数量异常稀少这一事实可能令人十分惊讶。

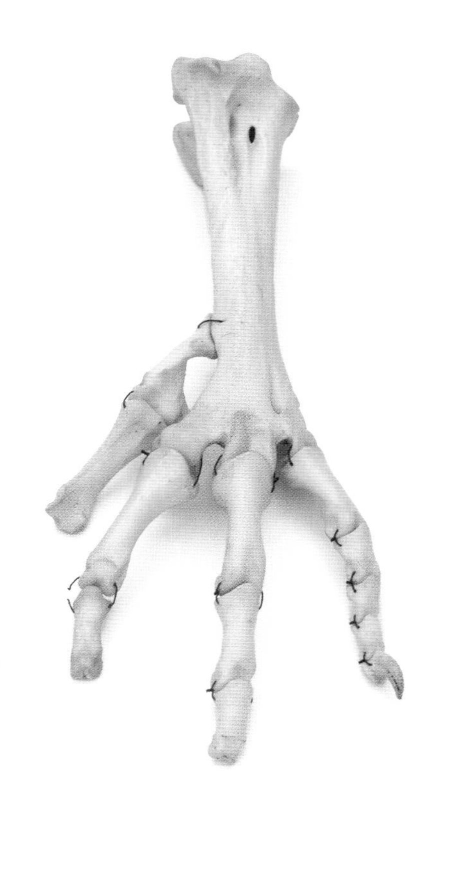

虽然人们根据亚化石遗迹和铸型制作了渡渡鸟骨骼标本，然而其实没有完整的渡渡鸟骨架存世。少数人造模型参考了一些根据活体标本创作的绘画和插图。

在所剩无几的珍贵标本中，本博物馆所藏的标本尤其独特。这些标本是这一物种在世上仅存的软组织残余，可以说是最宝贵的藏品。这部分组织曾经是一件完整剥制标本的一部分，在17世纪展出于伦敦的特拉德斯坎特博物馆。后来，特拉德斯坎特系列藏品被赠予阿什莫尔博物馆的创建者伊莱亚斯·阿什莫尔。这就是牛津大学自然史博物馆所藏渡渡鸟标本的来源。

西尔弗的鸟类系列藏品

博物馆中的许多藏品都颇具自然史价值，在19世纪或更早时期就被捐赠给博物馆。藏品讲述了很多故事，不只是关于那些标本，还有关收集及捐赠标本的人和自存放在博物馆之日起给予它们精心照料的人，以及标本的使用方式（它们到底被用于展示、研究还是教学）。有时候，这些故事是激动人心的，充满了英勇的野外探险情节或足以改变我们对进化史认知的新物种发现。然而还有一些时候，关于一件藏品的故事可能突显了保存有机材料的巨大挑战。

史蒂文·威廉·西尔弗热衷于收集自然科学和昆虫学方面的标本，兴趣持续而广泛。1906年西尔弗去世之后，他的妻子将这些藏品捐赠给了牛津大学自然史博物馆和皮特河博物馆。他一生积累了很多标本材料，其中就有华丽而独特的新西兰鸟类标本系列藏品。当时的最高权威沃尔特·布勒爵士为他收集了这套标本，涵盖了许多珍贵且稀有的物种，包括那些新西兰及其周围岛屿独有的物种。自那时起，其中许多物种已经灭绝了，比如独特的丛异鹩（*Xenicus longipes*）。

不幸的是，1947—1950年，人们发现许多标本都出现了严重的虫害。虫害是标本受到损害的主要原因之一，也是博物馆中许多历史藏品不再存在的主要原因之一。尽管工作人员尽力对标本进行了拯救，最终依然有半数标本被毁，无法再使用或修

复。50多年后，标本的损毁依然是全世界博物馆工作人员持续面临的问题，对藏品的合理保管一直是他们优先考虑的因素。

须翡翠鸟

须翡翠鸟，当地俗称“Mbarikuku”，是所罗门群岛地区的特有翠鸟物种。西方科学界对这种鸟类知之甚少。过去几个世纪中，只有少数到这一地区进行过野外调查的科学家有零散的目击和观察记录，除此以外，人们只知道这种鸟类生活在十分偏远且难以抵达的山区。第一件标本采集于1927年，是一只单独的雌性个体，随后成为该物种的模式标本。后来又有两只雌性个体被当地猎人捕捉，并被牛津大学探险队成员制成标本。由于当时博物馆中材料及书面资料的匮乏，人们认为这是一个稀有物种。2015年进行的现代研究发现，至今仍有一个小型但健康的种群生活在该群岛上。

在这次研究期间，研究者捕获了一只单独的雄性个体，对博物馆已有的材料进行了补充。根据这四个标本，我们现在可以为该物种建立完整的形态学和分子数据库，而由于老旧的保存方法对标本的影响，这在以前是非常难以实现甚至根本不可能做到的。处理标本皮肤所用的化学品通常是有毒的，可能导致遗传物质降解。现在我们可以在文献中对该物种的雄性进行正式描述，提供更完整的物种特征信息。更重要的是，科学家现在能够将历史标本与最新的标本进行对比，研究物种随时间的变化。

2015年采集这只雄性标本时曾引起了不少争论，许多人似乎对博物馆现在依旧采集生物标本这件事感到震惊。相比于海洋无脊椎动物或昆虫，鸟类、哺乳动物和其他有魅力的巨型动物往往激起人们更强烈的情绪反应。所罗门群岛与美国自然历史博物馆联合研究团队的克里斯·菲拉尔迪撰写了一篇真诚的论文，支持标本采集。随着分析技术的改进，促使博物馆的标本能够得到长期的确认及便于后期工作进行，正是博物馆藏品在理解自然界中的核心功能。

牛津郡的恐龙

1825年，在牛津郡奇平诺顿附近的查珀尔庄园，当地人约翰·金登发现了一只巨大的恐龙的残骸，包括石化的颈部和足部骨骼，这些都属于一类随后被命名为鲸龙的生物。这是同类群中第一只被发现的个体。

鲸龙是第一批得到科学描述的蜥脚类恐龙（据称，蜥脚类恐龙是曾经生活在地球上的最大的陆生动物）。这种蜥脚类恐龙生活在侏罗纪中期——大约1.66~1.68亿年前，体重可达到惊人的27吨，大约是非洲象体重的5~7倍。蜥脚类恐龙仅以植物为食。与巨大的身体相比，它们有长长的脖子和小小的脑袋，四足着地活动。

19世纪著名的古生物学家理查德·欧文（1804—1892）在1841年命名了鲸龙属。自1825年鲸龙残骸首次被发现时起，在牛津郡、北安普顿郡、格洛斯特郡，甚至约克郡都陆续发现了该

属的其他个体。欧文相信，这种大型的动物必然是一种以鳄鱼和蛇颈龙为食的海生爬行动物。

直到30年后，根据更多的发现，时任牛津大学自然史博物馆馆长的约翰·菲利普斯将其命名为一个新的物种——牛津鲸龙（*Cetiosaurus oxoniensis*）。他还认为，这可能是一种两栖性的而非海生的爬行动物，并根据其牙齿形态推断它很可能以植物为食。

我们对于鲸龙类和蜥脚类恐龙的了解已经比欧文和菲利普斯所在的时代要深入得多，但它们依然是目前所知曾在英国生活过的最大的恐龙。

鱼龙的最后一餐

鱼龙是一种仿佛鱼类与海豚混血的生物，也是一种已灭绝的海生爬行动物。它是中生代恐龙称霸时期的代表性海洋生物，生活在大约距今9 000万~2.5亿年之前。博物馆藏有多种鱼龙的大量残骸，其中一件标本与一名著名化石猎人尤其有着有趣的联系。

这件标本是玛丽·安宁在莱姆里吉斯发现的，其腹腔中有看似石化食物的残留物。这些物体中包含大型的鱼类鳞片和脊椎，经鉴定属于叉鳞鱼属（*Pholidophorus*）。令人尊敬的威廉·威洛比·科尔先生从安宁手中购得这块标本，并在1836年之后的某一时期，将它赠予牛津大学地质学讲师威廉·巴克兰。这块标本之所以会来到巴克兰的手中，是由于他对研究侏罗纪生物消化系统的学术兴趣，尤其是他对粪化石（coprolites，来源于希腊语，意为“粪石”）的迷恋。

1829年，巴克兰根据在莱姆里吉斯发现的一些土豆形石头，基于其与这些海生爬行动物同时出现以及其中所含的骨骼、鱼鳞和小型鱼龙的骨骼等信息，鉴别出这些是石化的鱼龙粪便。巴克兰还曾对约克郡柯克代尔洞穴中发现的已灭绝鬣狗的共生物进行了著名的研究。

亨利·托马斯·德拉贝什以绘画的方式延续了这一主题。他用水彩绘制的《杜利亚安提奎尔：远古的多塞特郡》（1830）展

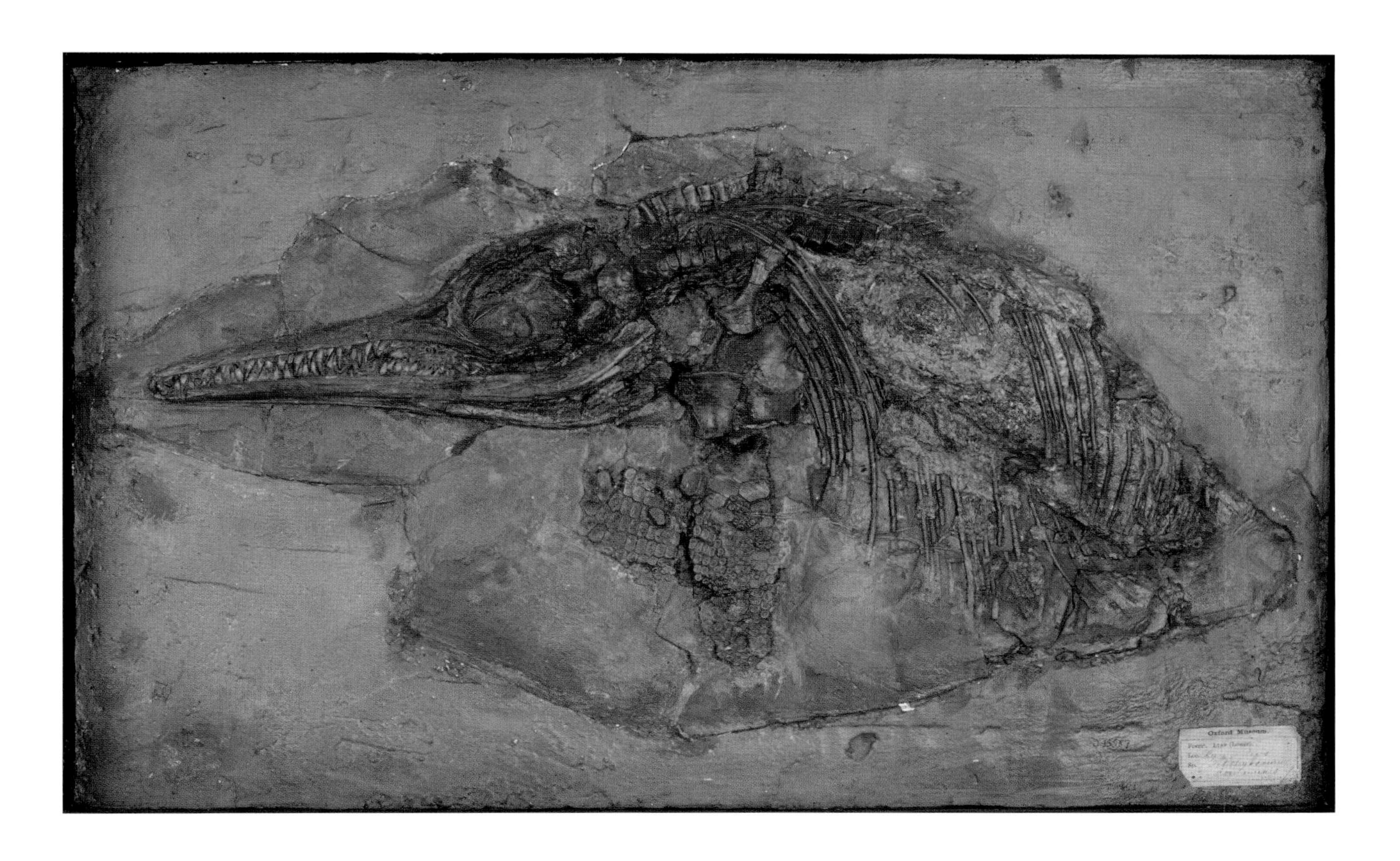

现了早侏罗纪海中的场景：随着海生爬行动物和鱼类之间吃与被吃的日常活动，粪化石掉落海底。德拉贝什随后聘请艺术家乔治·沙夫为此绘制了图版印刷品，这些作品随后被出售用以援助安宁家族（安宁家庭从其非凡的化石发现中收益甚微）。博物馆的档案中就存有这样一份插图。

这件标本最初被鉴定为科氏鱼龙（*Ichthyosaurus communis*），但2015年古生物学家迪安·洛马克斯和朱迪·马萨尔再次对其进行了鉴定，认为它应该是安宁鱼龙（*Ichthyosaurus anningae*）的亚成体。安宁鱼龙以玛丽·安宁命名，这里展示的正是玛丽亲自发现的少量标本之一。

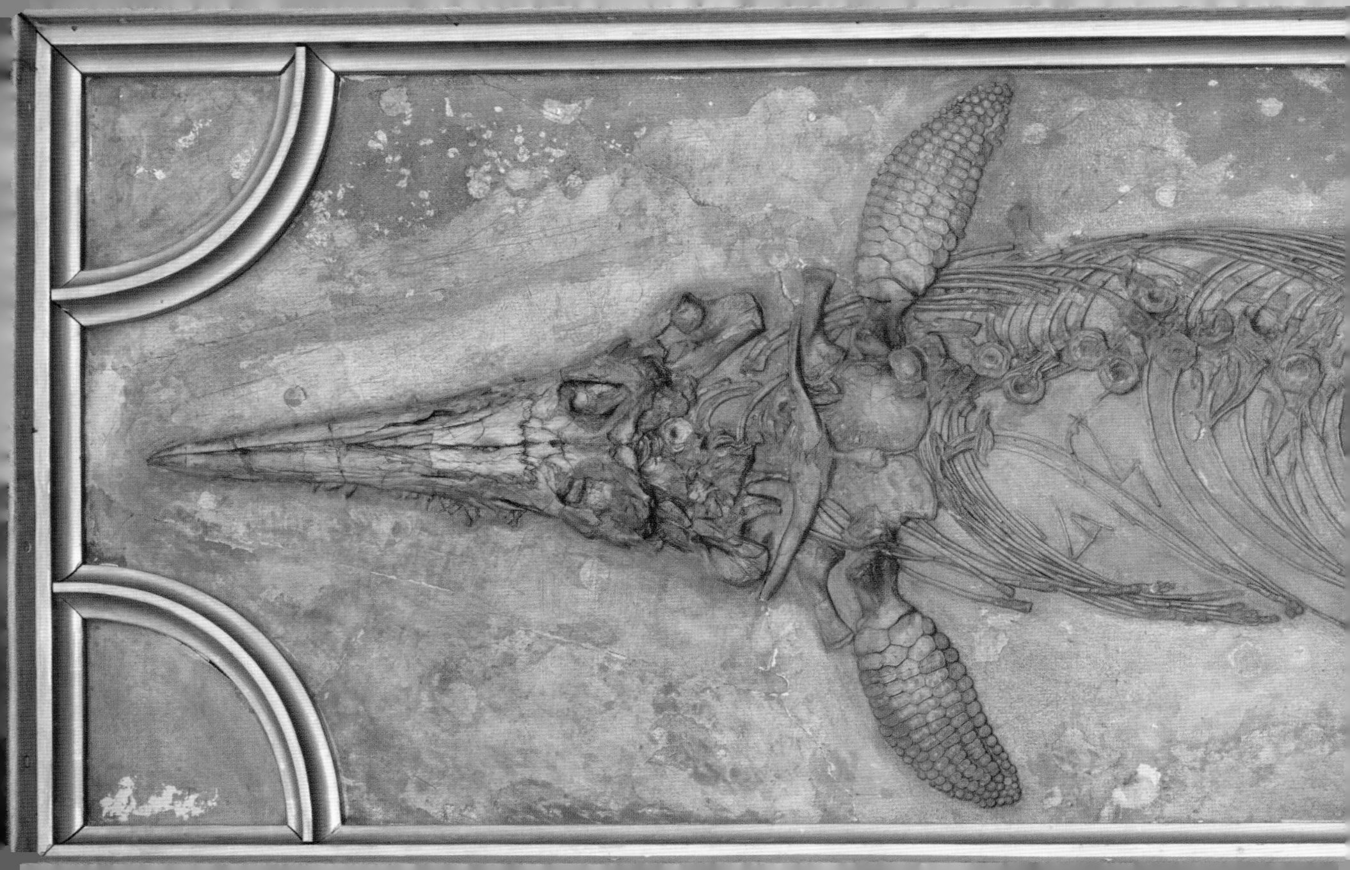

斯特拉特龙的头骨

蛇颈龙是地球上存在过的最成功的水生四足动物或四足脊椎动物类群之一。它们生活的地质历史跨度为1.35亿年，在包括南极洲在内的全球范围都有分布，共有100多个物种。成年个体可长到15米，头部大小和颈部长度在整个类群中变化很大。例如，有一种蛇颈龙颈部长度超过身体和尾部的长度之和，它拥有76块颈椎骨，比其他任何曾经存在过的动物都要多。科学家推测它们拥有多种多样的食物喜好，包括大型爬行动物、鱼类和头足类动物、双壳类动物和甲壳动物。虽然蛇颈龙主要发现于海底沉积物中，但也存在于淡水湖、潟湖和近岸沉积物中。

这是一具保存完好的小蛇颈龙头骨，名为泰氏斯特拉特龙（*Stratesaurus taylori*），是该物种的正模标本[①]，由R. B. J. 本森、M. 埃文斯和P. S. 德鲁肯米勒命名于2012年。它被发现于萨默塞特的一个小村庄——斯特里特村，并在19世纪末由托马斯·霍金斯捐赠给博物馆，一同捐赠的还有大量其他侏罗纪海洋爬行动物标本。

① 正模标本指描述并命名新物种所依据的那件标本，更多相关信息见本书后附的术语表。——编者注

这件标本所代表的物种是世界上最小的蛇颈龙之一，从鼻尖到尾巴的末端总共大约2米长。它生活于2亿年前的侏罗纪早期，是世界上最古老的蛇颈龙之一。多年以来，从萨默塞特的这一地区发现的小型蛇颈龙化石都被认为是同一物种——霍氏海洋龙（*Thalassiodracon hawkinsii*），但近年的研究发现这里其实存在4个不同的物种。由于这些蛇颈龙在体型和身体结构上十分相似，区分它们十分困难。不过，像这样保存良好的标本很清晰地展现了解剖结构的细节，让新的物种第一次被确认。

蛇颈龙“夏娃”

在人们的一般观念里，重大的科学发现通常只被认为是科学家和专家的工作。然而在自然科学历史上，学术机构以外的个人和团队也在我们对自然界认知的发展过程中长期扮演着关键的角色，而且这种贡献到今天依然在持续进行。

其中一个例子是最近一条昵称为“夏娃”的蛇颈龙（一种侏罗纪时期的海生爬行动物）的发现。2014年，夏娃被一队名为“牛津黏土工作组”的业余古生物学家发现于彼得伯勒的采石场。尽管牛津黏土（一种遍布英国的岩石类型）富含保存完好的化石，然而此类发现在今天仍是不多见的。这主要是由于现在多数对黏土层的挖掘都是由机械进行的，因此化石通常在被发现之

前就被破坏了。该团队决定将他们发现的这条龙命名为“夏娃”，因为这是他们的第一个重大科学发现。不过，我们目前还不能确定它的性别。

夏娃确实是一个少有的发现，这是一副包括头骨、脊椎和鳍肢骨骼的近乎完整的化石骨架。2014年11月，在发现它之后，该团队就开始了发掘工作。4天的时间里，团队挖掘出了600多块分离的骨骼。随后，第一个发现该标本的团队成员卡尔·哈林顿花费了400多个小时对骨骼进行清理，并将绝大部分碎块黏合在一起。

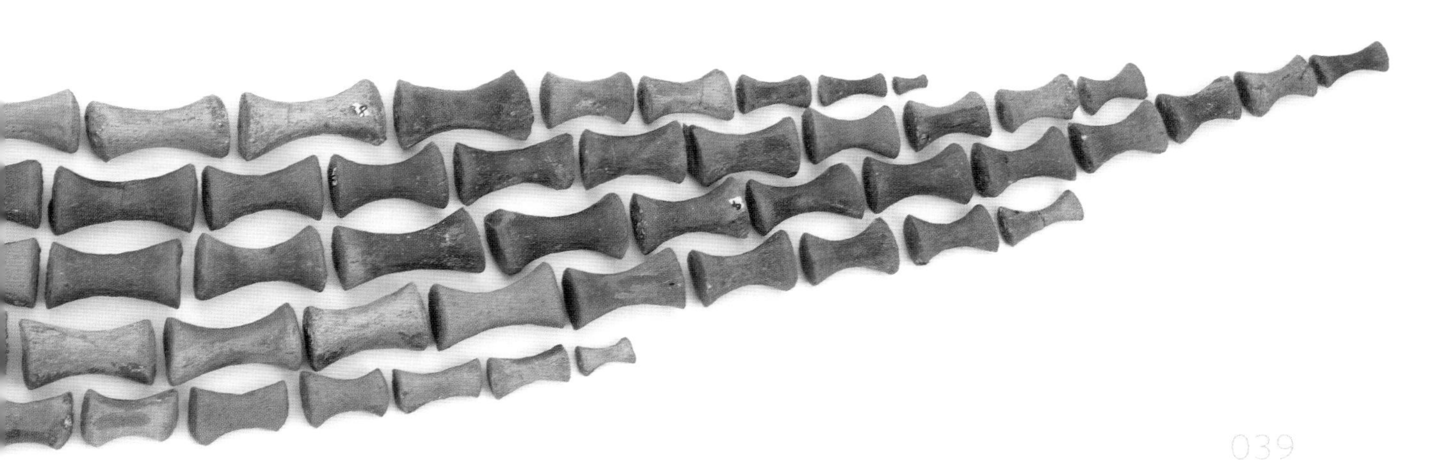

2015年，采石场的所有者富达来将夏娃捐赠给了博物馆。博物馆对其进行了进一步的修复和研究工作，初步研究显示这是一种全新的蛇颈龙物种。

夏娃的头骨仍然保存在黏土块中，博物馆的标本制作人员对它进行了仔细的清理。博物馆对黏土块整体进行了高精度激光断层扫描，并对其中的头骨进行了三维建模。这让制作人可以了解骨骼的位置，从而更容易清理出骨骼。制作人将这种扫描比作印在拼图盒盖上的全图。夏娃的部分骨骼保存在极其致密的结核中，包括大部分的脊椎骨，无法在不损伤骨骼化石的情况下取出。华威大学的新断层扫描技术能够让制作人看到这些结核中的骨骼，并对其进行虚拟重建。

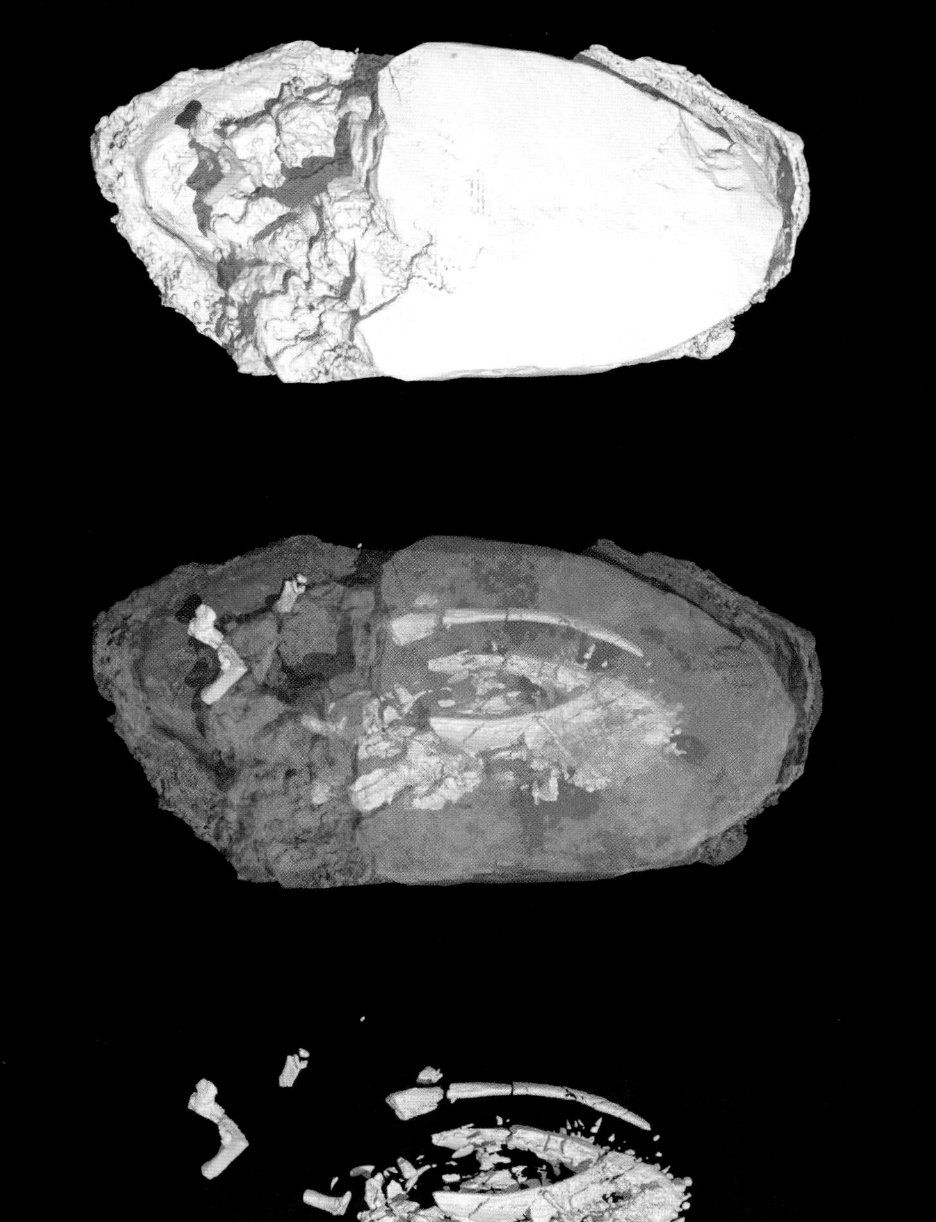

巴克兰的巨大"蜥蜴"

这块下颌骨化石是世界上最重要的恐龙化石标本之一，属于巴氏斑龙（*Megalosaurus bucklandii*），一种生活在中侏罗纪（距今大约1.67亿年）的恐龙。这种恐龙大约有8~9米长，体重约为1 400千克，是世界上第一种被科学地描述的恐龙。

18世纪末期，巴氏斑龙被发现于牛津郡的斯通斯菲尔德地区，来自一种被称为斯通斯菲尔德板岩组的岩石（今天也被称作台英顿石灰岩组）。这种独特的岩石曾被开采用于建造屋顶，虽然它其实并不是一种板岩。除了供应建筑材料，斯通斯菲尔德的矿山还贡献了110多块兽脚类恐龙（恐龙的亚类）骨骼，来自至少7只个体。因此，这里成为英国兽脚类恐龙化石最丰富的产地之一，也是世界上研究中侏罗纪兽脚类恐龙最好的地点之一。

在侏罗纪中期，斯通斯菲尔德地区是一片海边浅滩，沉积了大量来自陆地的物质。在这里发现的各种恐龙化石和哺乳动物残骸，很可能是被河水带到海里的。鱼类、双壳类、腹足类、蛇颈龙类和鱼龙类等海洋动物，以及植物、昆虫、哺乳动物和爬行动物等其他陆生生物的化石也有所发现——包括其他恐

龙化石。

斑龙下颌的记录首先出现在牛津大学基督教堂学院解剖学系的藏品中，该条目日期为1797年10月24日。这块化石由解剖学讲师克里斯托弗·佩格博士捐赠。随后20多年的时间里，人们在斯通斯菲尔德地区发掘出了更多的化石，包括一块股骨、荐骨和肋骨。佩格认为这些化石都

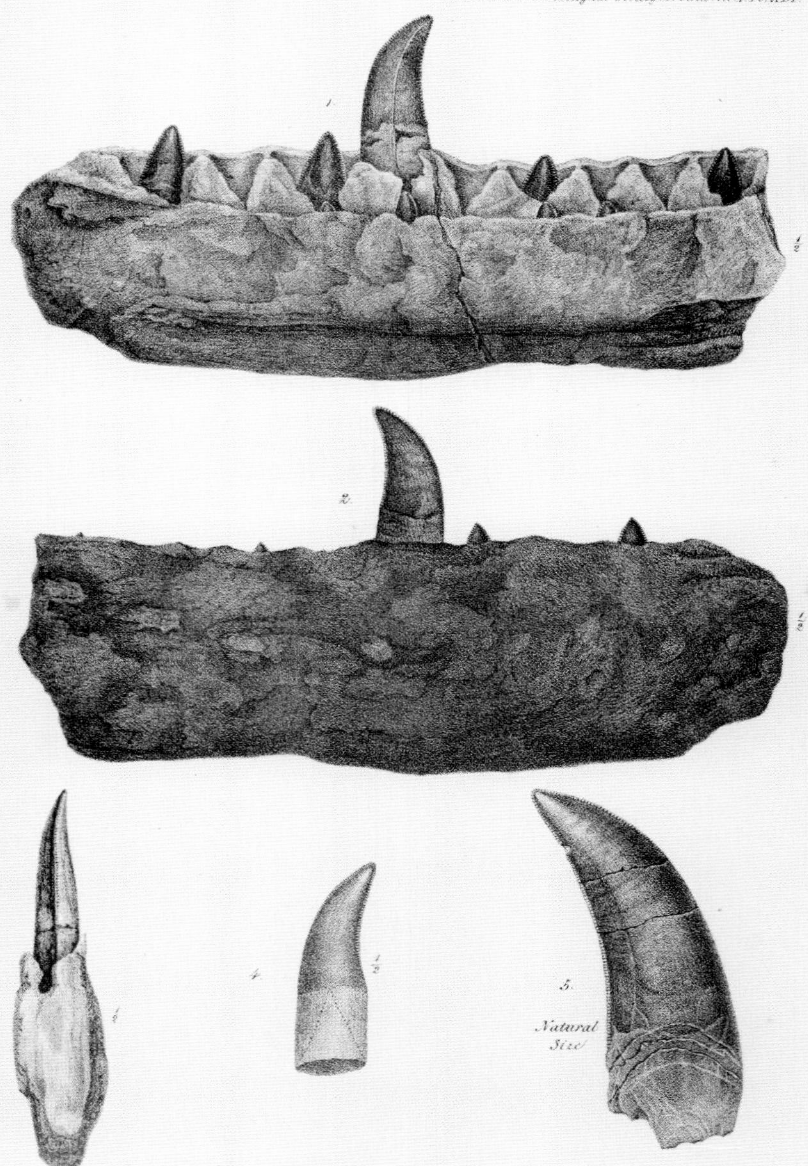

UNDER JAW AND TEETH OF MEGALOSAURUS.

Scale 1/4 Inch to One Inch

Drawn by M. Morland. On Stone by Henry Perry

Printed by C. Hullmandel

来自一只巨大的爬行动物。在1824年的伦敦地质学会上，矿物学讲师威廉·巴克兰公布并首次发表了这些发现，这也是他首次参与地质学会。他将这只动物称为“斑龙”，这是得到科学描述的第一种恐龙。1827年，吉迪恩·曼特尔将其正式命名为巴氏斑龙，意为“巴克兰的巨大蜥蜴”。

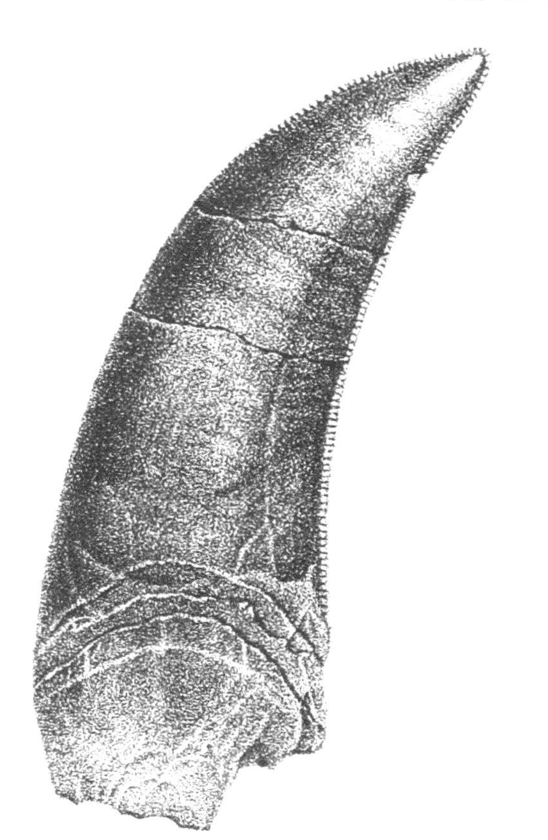

斯通斯菲尔德的哺乳动物下颌

初看之下，斯通斯菲尔德是一座典型的西牛津郡村庄，有科茨沃尔德石屋和狭窄蜿蜒的小路。然而，斯通斯菲尔德的与众不同之处在于，它是英国最丰富的化石产地。除了发掘出许多具有重要的科学和历史意义的恐龙残骸之外，这里还有许多其他的古生物学发现，其中就有极早期哺乳动物的化石记录。

这两块早期哺乳动物化石都是下颌骨，发现于1812—1814年。它们来自斯通斯菲尔德板岩组，形成于大约1.67亿年前的中侏罗纪。这意味着这些哺乳动物与许多恐龙生活在同一时期，使得这些化石成为当时发现的最古老的哺乳动物残骸。

这些标本被赠予牛津学者威廉·巴克兰。1818年，他又将这些标本展示给当时世界一流的比较解剖学家乔治·居维叶。居维叶认为它们属于有袋类动物，而如今我们已经知道它们属于早期哺乳动物的一目，后来发展成现今的真兽亚纲——包括考拉、袋鼠等有袋类动物以及老鼠和人类等有胎盘类哺乳动物。

1824年，巴克兰在对著名的斑龙（第一只被描述的恐龙）进行报道的同时，也首次公布了这一科学发现，他写道：“在斯通斯菲尔德发现的另一种动物与斑龙一样独特。”巴克兰的描述在当时的科学界掀起了一阵轰动，人们用了至少20年的时间才普遍接受这一观点，还有很多人

认为这枚标本的时间并没有侏罗纪那么久远，或者其实是来自鱼类或爬行动物。这些化石对于我们了解早期哺乳动物的进化史至关重要。

特拉德斯坎特的疣猪

“特拉德斯坎特的疣猪”是世界上已知最为古老的疣猪标本。然而，它曾在众多藏品中埋没多年。直到近期科学家对该属进行修订时，人们才意识到这个标本的重要性。寻找这枚头骨标本的历史渊源是一项花费了大量时间的痛苦工作，早期记录的丢失给工作带来更大的困难，关于其来源仅有的一丝线索是两枚小小的标注：一枚金属标签和另一枚贴在头骨上的标签。在发现这件标本之前，人们

曾认为第一件疣猪标本抵达欧洲的时间为1766年，当时彼得·帕拉斯描述了现已灭绝的荒漠疣猪。这件标本被认为比上述时间早80年左右。

这件疣猪头骨标本源自特拉德斯坎特系列藏品。这批藏品是英国最早的自然史标本，包括闻名当今世界的渡渡鸟仅有的软组织标本。老约翰·特拉德斯坎特和小约翰·特拉德斯坎特父子从全世界收集了大量的植物学、自然史和人类学材料，最终建立了特拉德斯坎特博物馆。这些藏品通常被称为“方舟”，是第一批公众花费很少金钱就能看到的收藏。在1638年老特拉德斯坎特去世之后，小特拉德斯坎特继承了这些藏品，他最终将这些标本赠送给了伊莱亚斯·阿什莫尔，阿什莫尔博物馆正是以后者命名的。

阿什莫尔曾就读于牛津大学，他将自己所有的藏品都赠送给了牛津大学，其中就包括特拉德斯坎特系列藏品，而条件是要建造一座合适的博物馆来存放这些藏品。这座专门建造的博物馆位于宽街之上，其中还有化学实验室、本科生教室和一处展示各种藏品的空间。现在，该建筑已经成了牛津科学史博物馆所在地。

约克郡的鬣狗

1821年，工人们在约克郡柯克代尔地区一个路边采石场的山洞里发现了一些非同寻常的、破碎的动物骨骼。这些骨骼可能是已经灭绝的大象、犀牛、河马和鬣狗等动物的残骸。这一意外发现的新闻传到了牛津大学地质系讲师威廉·巴克兰的耳朵里。1821年11月，他马上来到了这里。

在当时，普遍的观点认为这类发现一定是《圣经》上所记载的大洪水的结果，淹死的动物的残骸被洪水从原本的栖息地裹挟来到遥远的异国他乡，并随着洪水退去而沉积下来。然而，巴克兰运用日益发展的科学知识和方法，得出了一个不同的结论。他认为，鬣狗残骸的巨大数量及所有骨骼的破碎情况只能有一种解释：大洪水发生之前，鬣狗确实在这个山洞中生活。他指出，这些鬣狗可能曾在整个英国的乡村游荡，捕食猎物并拖回洞穴享用。由于其中一些物种只栖息在热带地区，他认为英国曾经历过气候比当时温暖得多的时代。

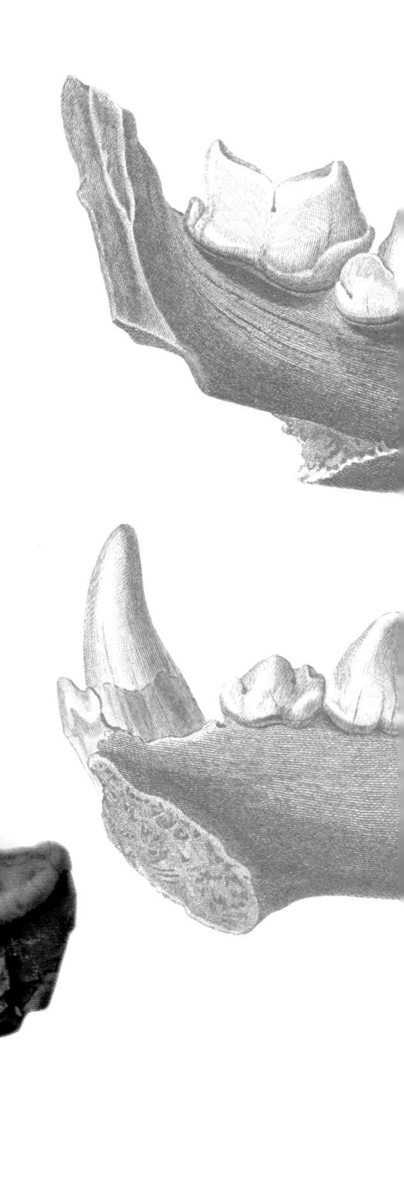

为了验证这个理论，巴克兰进行了一系列实验。他从牛津市场上购买了一根公牛胫骨，递给路过牛津的伍姆韦尔旅行动物园中的一只鬣狗。这只鬣狗在骨头上啃出的齿痕与在柯克代尔发现的野牛胫骨上的齿痕简直一模一样。

巴克兰还注意到，骨骼与牙齿周围散落着一些白色材质的小球，他很想知道这些小球是不是石化了的鬣狗粪便。他用“白狗粪”一词来表示这些小球。这是一种古老的药材名称，代表一种狗的粪便，一旦接触空气就会变成白色。这种药物曾被用来治疗腹部绞痛、痢疾、淋巴结核、溃疡及扁桃体炎，通过用碎骨饲喂半饥饿的狗来获得。在骨骼中的蛋白质被消化吸收之后，剩下的部分就会形成富含磷酸盐的粪便小球。

为了验证这一假设，巴克兰将一些采集自柯克代尔的材料送到化学家威廉·海德·沃拉斯顿（1766—1828）处。在埃克塞特交易场，沃拉斯顿又将这些标本展示给展览动物饲养员，对方一下就注意到它们与斑鬣狗（*Crocuta crocuta*）粪便的相似之处。沃拉斯顿经分析发现这种粪化石“很可能是由来自骨骼的粪便物质构成的”（巴克兰，《1821年的……叙述》）。

现在我们明白，在12万年前一段气候温暖的间冰期，确实曾经有鬣狗生活在柯克代尔的洞穴之中。

大角鹿

大角鹿（*Megaloceros giganteus*）是地球上曾存在过的最大的鹿类，体型比它现存最近的亲戚——黇鹿（*Dama dama*）要大一倍，站立时肩高2米，头上巨大的角总长可达3.5米。化石记录显示，雄性大角鹿那巨大的角每年都会脱落。巨大的角让雄性可以恐吓对手，研究暗示，根据功能形态学和肌肉系统，大角鹿应当可以将它用于打斗。雌性大角鹿不长角，这可以用来解释为什么它们的化石记录比起丰富的雄性化石来说相对缺乏。一种观点认为无角的雌性头骨可能被发现者误认为马的头骨，因此被丢弃。

尽管大角鹿的俗名是“爱尔兰麋鹿”，但它既不是爱尔兰特有的，与现存的其他麋鹿也没有关系。在大约1.7万年前，欧洲大陆的人类见到了这些动物，用自己的方式将这种见闻记录在洞穴岩壁上，例如法国拉斯科洞穴和科涅克洞穴中的那些岩画。这些岩画描绘了大角鹿身上的斑点、黑色披肩毛发及独特的背部隆起，让我们可以借此推测它们的形态。

虽然大角鹿分布广泛，但是牛津大学自然史博物馆的标本确实来自爱尔兰的一片泥潭沼泽。在大约1.2万年前的更新世晚期——这一时期也被称为“伍德格兰奇间冰期”，大角鹿从

欧洲来到爱尔兰。当时气候较为温暖，大角鹿所吃的植物得以繁茂生长。然而到了全新世早期，也就是1 500年后，气候开始变冷，大角鹿也随之灭绝了。

新月甲尾袋鼠

澳大利亚所在大陆与其他大陆长久隔离，通常认为直到5万年前这里才有人类定居。因此，许多探险家和标本收集者都对这片大陆怀有极大的兴趣。从生态学的角度来说，它拥有独特的动植物群和众多的特有物种。西方科学家对有袋类动物的发现特别着迷。这是一类独特的哺乳动物，它们的幼体出生时发育程度很低，随后进入母兽的育儿袋中生活。在世界其他地区发现的许多有胎盘类哺乳动物都能在有袋类动物中找到对应物种。其他大陆上有兔子和小鹿等物种，澳大利亚所在大陆则演化出袋鼠和小袋鼠等动物来填补相应的生态位并实现相应的生态功能，这是极好的趋同进化案例。

到了18世纪，新的定居者涌入澳大利亚，伴随着一群非本土动物的到来。绵羊、牛、猪和兔子等牲畜被运到这片大陆，随之而来的还有猫和狐狸等非必需的动物，它们也分别作为宠物和娱乐性狩猎对象被引进这里。这对本地动物群产生了毁灭性的影响。20世纪初收集的一些早期标本是这些曾生活在澳大利亚的动物现存唯一的记录，比如这里所展示的新月甲尾袋鼠。甲尾（钉尾）是指这些小袋鼠尾巴末端的角质小刺，科学家尚未确定这些小刺的用处。在定居者刚刚到来时，尽管它们的分布范围十分有限，但数量依然相对丰富。然而，到了20世纪50年代，新月甲

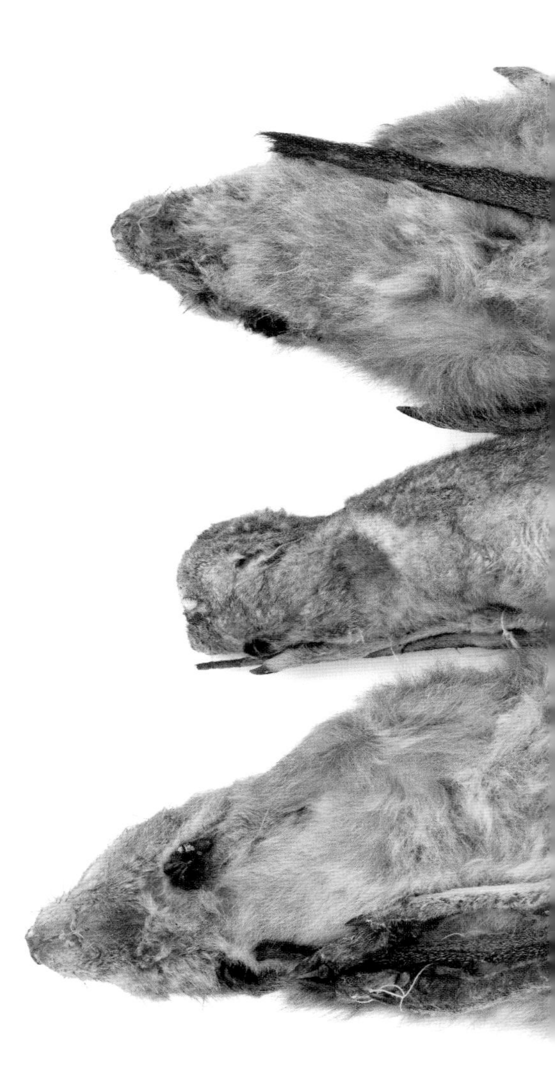

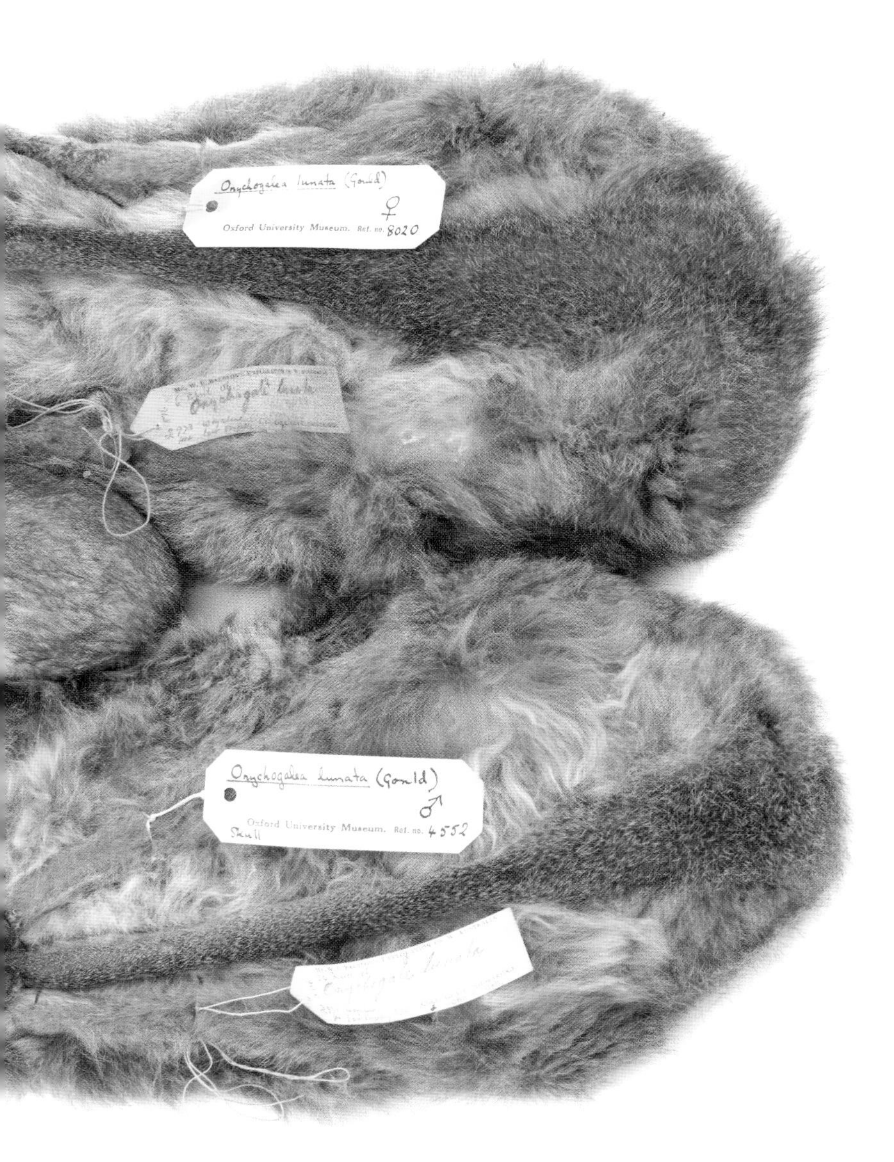

尾袋鼠就灭绝了。据人们所知，它们的数量从1900年开始减少，通常认为是赤狐最终导致了这一物种的灭绝。

指猴

博物馆所拥有的两件指猴标本中，有一件是软组织标本。该标本采集于1911年，这多亏了当年一笔100英镑的捐款才得以实现。有了这笔捐款，博物馆就能够继续雇用动物学家保罗·艾希福德·梅休因，他曾与著名爬行动物学家约翰·休伊特一起前往马达加斯加采集并描绘科学标本。他们的工作是在马达加斯加岛上采集更重要的动物标本，其中就有指猴（*Daubentonia madagascariensis*）。

指猴是世界上最大的夜行灵长类动物，也是马达加斯加特有的动物。与其他日行性灵长类相比，指猴个体较小，成年个体体长仅为360~440毫米，体重为2~3千克。尽管体型娇小，它们的名声却很大，被当地人视为死亡的前兆。它们极端的生理适应性，让它们的长相在许多人看来如尸鬼般怪异。

这些适应性特征包括巨大的深色眼睛和长长的中指。根据马达加斯加当地神话，它们会用中指刺穿沉睡之人的心脏。然而，这根延长的中指实际上是用来寻找树干中的昆虫幼虫的。指猴用长长的中指敲击树干或树枝，用巨大而敏锐的耳朵倾听声音在树干中的回响。一旦它们找到了幼虫，就用凿子一样的牙齿在树上凿洞来取出食物。指猴的牙齿类似啮齿类动物的牙齿：牙齿在它们的一生中持续生长，并且非常强壮，能够啃开椰子等果实和种子。

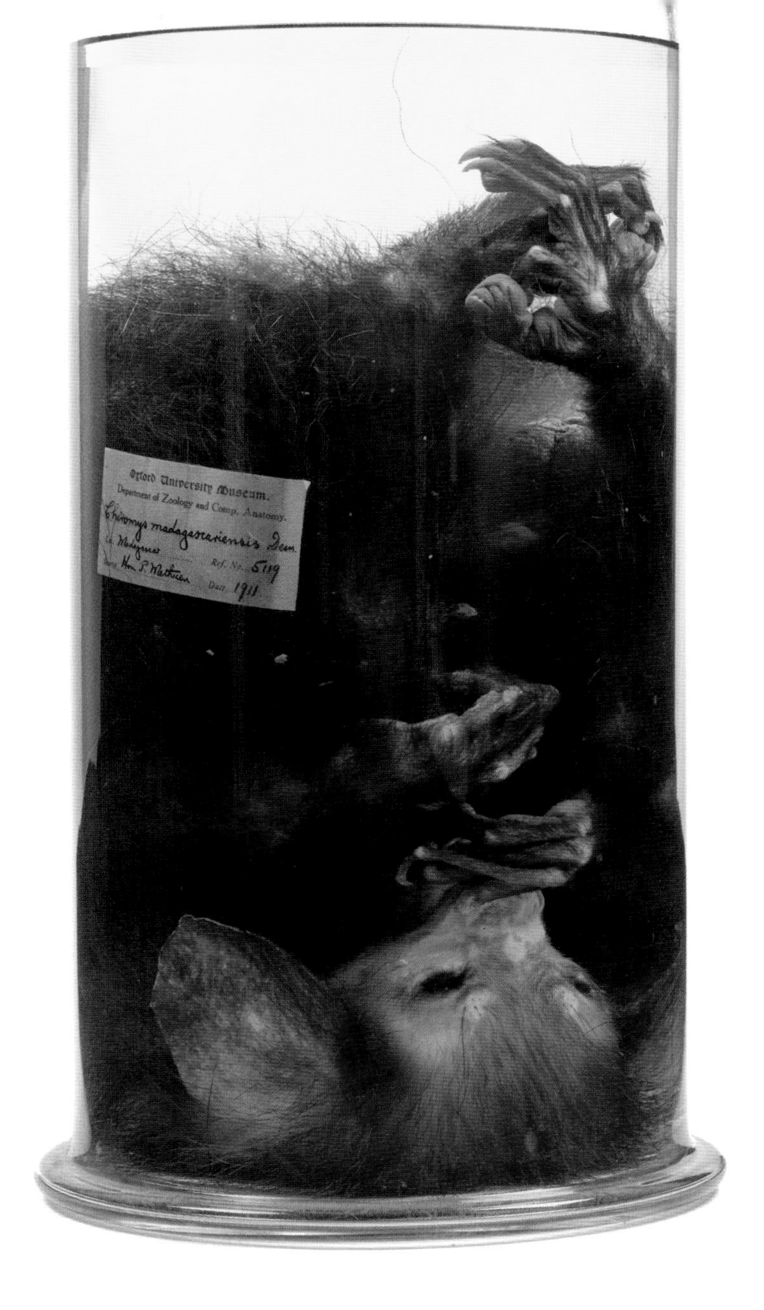

指猴吓人的外貌是它们数量下降的原因之一。由于被人们视为死亡的预兆，它们一出现就会被杀。然而，它们数量下降的主要原因还是生境丧失，这已经导致它们被列入了《濒危野生动植物种国际贸易公约》（CITES）附录一，并在2006年被世界自然保护联盟（IUCN）列入濒危物种红色名录。

博物馆中还收藏了另外一件指猴标本，是一套安装好的骨骼。在博物馆的一个灵长类展览中，参观者可以见到它悬挂在树枝上，展示着它细长的中指。

触摸水獭的手

在宣传走廊中使用可触摸标本方面，博物馆可谓先驱。自21世纪早期开始，寻求机会在所有新的活动和展览中加入触摸标本体验，已经成为博物馆的一项政策。为了支持这种藏品使用方式，博物馆开展了相关研究。

撤除玻璃柜，去掉栏杆，都已经成为博物馆的新探索。对盲人和视力障碍人士来说，能够以这样一种难忘的方式触摸标本并与之产生联系是非常重要的，比如抚摸它的毛发，感受它面部的形态或牙齿的硬度。从闪闪发光的矿物到光滑的蛇类表皮，来自各个系列藏品的标本都用这种方式展现自然特征。

所有动物标本都使用了特殊的剥制技术，以便适用于访客触摸或把持。但由于多数标本材料十分脆弱，又或者像多刺的鲨鱼那样难以安全触碰，保证标本安全仍然是十分困难的，面临巨大的挑战。这类标本必须足够坚固，能经受住许多双手的触摸，甚至是偶尔来自小手的抓握。每一件可触摸标本都要经过评估并进行特殊的修复，保证标本展现出最好的状态，而且

能够经受触摸体验展览的压力。

此外，所有材料的来源都符合伦理或源自捐赠，比如“感受进化”展览中这只位于专门搭建的桌子上的水獭标本。这只水獭是一件悲哀但重要的标本。它是一次交通事故的受害者，提醒着我们人与野生动物之间的冲突。水獭标本附近的一只水龟“特里”的故事则幸福得多。特里曾是一只备受喜爱的宠物，死后被前主人捐给博物馆，使它成为可触摸展品，在未来继续教育和吸引世人。

贝林格假化石

对于博物馆和美术馆的工作者来说，赝品和假货并不陌生，但多数情况下都是著名艺术家作品（例如绘画或雕塑）的复制品。然而，欺诈者对于自然博物馆来说也是常客，有一件著名的古生物赝品就存放在牛津大学自然史博物馆，只不过现在是作为骗局的纪念品，而不是它们声称所代表的化石的示例。

18世纪早期，约翰·贝林格博士（1667—1740）在维尔茨堡大学教授自然史。大家都知道他收藏了丰富的化石。1725年，他获得一批化石。他认为这些奇异的化石所代表的生命形式与他之前所见的都不相同。尤其特别的是，它们看起来独一无二，大小相对统一，其中所含的生物以整体和自然姿势展现，而不是侧面或背面。它们的正面也非常光滑，好像已被抛光过，轮廓鲜明，而且没有表现出任何化石上常见的挤压迹象。尽管存在这些不寻常和可疑的特征，贝林格仍然相信它们的真实性，并开始准备一本概述这些标本的出版物。

这些化石来自贝林格雇用的三个年轻化石收集者：克里斯蒂安·灿格、尼克劳斯·赫恩和瓦伦丁·赫恩。1725年6月至11月，他们收

集了大约2 000块化石。然而事实上，这些化石是由维尔茨堡大学的地理、代数与分析教授J. 伊格纳兹 · 罗德里希和法院与大学的私人顾问、图书管理员格奥尔格 · 冯 · 埃克哈特伪造并抛光的。在稍后的讯问中，当贝林格对这两名男子提出指控后，有第三方承认曾听到这些男人在讨论想要诋毁和羞辱贝林格（因为觉得他傲慢）。

博物馆拥有两枚神秘的贝林格假化石。根据直接译自德语的信息可知，这两块化石在1835年由威廉 · 巴克兰从路德维希 · 伦普夫教授手中购得。威廉的妻子玛丽 · 巴克兰在其上题写道："人工化石目睹了贝林格死于屈辱导致的心碎……"其余内容已经难以辨认。

菲尔波特的鱼类化石

这块美丽的鱼类化石是点纹平齿鱼（*Dapedium punctatum*），来自菲尔波特姐妹的藏品。她们生活在18、19世纪之交的莱姆里吉斯。这一件是该物种的正模标本，代表一种已灭绝的早侏罗纪（1.9亿~2.5亿年前）物种。这是一种辐鳍鱼，身体近圆形，尾部很短，便于游泳时迅速改变方向。尖利的牙齿和覆盖骨板的头部表明它是一种食肉动物，并且有证据显示它摄食了海胆和贻贝等带有硬壳的无脊椎动物，它强壮的下颌可以压碎这些动物的外壳。

1834年，著名的鱼类化石研究者、瑞士地质学家路易斯·阿加西斯（1807—1873）第一次访问英格兰时，曾前往莱姆里吉斯查看菲尔波特的收藏品。他主要想看看与他正在进行的研究相关的鱼类化石，而他确实对结果感到非常满意。现在，牛津大学所持有的菲尔波特系列藏品有大约400个标本，包含许多不同的无脊椎动物和脊椎动物类群，其中鱼类化石尤其丰富。

点纹平齿鱼标本被记录在阿加西斯的《化石鱼类研究》第二卷第一部分（1835）的插图中。相关介绍用法语写成，翻译过来即为：

插图25a所示为一条完整的鱼，是我见过的最佳的鱼类化石。该化石同样来自菲尔波特小姐的收藏。

在最小的妹妹伊丽莎白·菲尔波特去世后，这些藏品被传给了菲尔波特姐妹的一个侄子约翰·菲尔波特。1880年，其遗孀将藏品赠送给了博物馆。伊丽莎白·菲尔波特是英国历史上著名的早期女性化石猎人之一，与她同时代的还有著名的玛丽·安宁。

腔棘鱼类再发现

一般认为腔棘鱼是灭绝已久的化石鱼类，直到1938年，南非一个小博物馆的馆长玛乔丽·考特尼-拉蒂默戏剧性地再次发现了它。在此之前，腔棘鱼只有化石记录，被认为已经灭绝了6 600万年之久。因此，当一条腔棘鱼的标本在南非开普敦东伦敦港的码头上岸时，这着实让人们感到震惊。船长致电考特尼-拉蒂默，因为她常常查看他捕鱼的收获，寻找适合博物馆的标本。她后来描述了见到那条腔棘鱼的时刻："我扒开层层的淤泥，露出了那条我毕生所见最美的鱼。""这条鱼大约有5英寸（约12.7厘米）长，身体呈灰白的蓝紫色，有淡淡的白色斑点，全身闪烁着银绿色的光泽……"（温伯格，《一条及时捕获的鱼》）

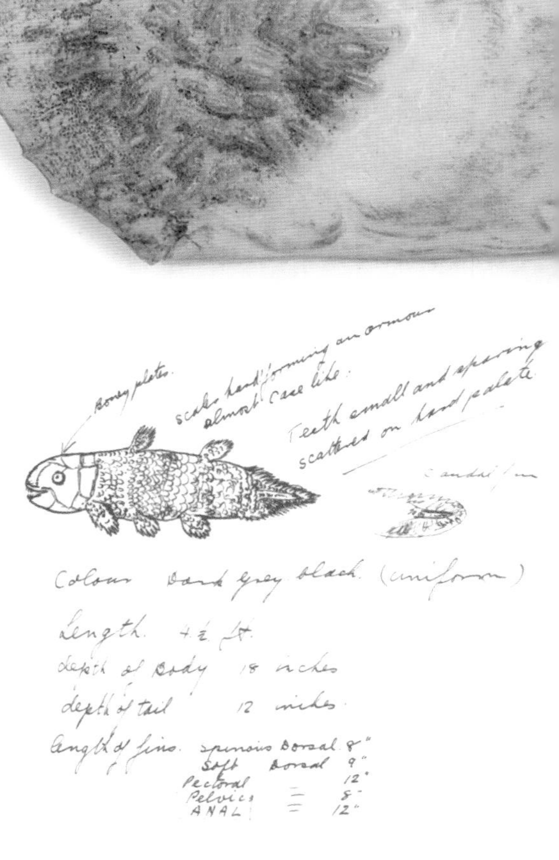

腔棘鱼属于肉鳍鱼类，这类鱼与肺鱼、爬行动物和哺乳动物的亲缘关系比与其他鱼类的更为接近。它们体型巨大，体长超过2米，体重可以达到90千克。它们有许多独特的适应特性，其中最明显的是拥有充满脂肪的肺部，与其他鱼类的鱼鳔功能相似，用于控制身体的浮力。它们常被称为"孑遗种"，也就是说它们自化石记录出现之日起就再也没有演化过。然而这一观点其实是错误的，最近的DNA（脱氧核糖核酸）研究揭示它们只是演化得十分缓慢罢了。稳定的生活环境加上缺乏天敌，意味着驱使它们发生改变的进化压力很小。

这件捕获于1938年的标本移动起来十分困难，也难以在这个缺乏福尔马林和冰箱的小镇得到适当的保存。在考特尼-拉蒂默将对它的描述与草图送到实操专家詹姆斯·莱纳德·布赖尔利·史密斯教授手中，并请求他帮助确定这条怪异而美丽的鱼的身份时，人们已经尽了最大努力保证标本的完整，然而腐败情况仍然不容乐观。不过，在当地标本剥制师的帮助下，这条鱼的皮肤和骨骼得以保留。

一个月之后，史密斯终于抵达东伦敦港。最终他根据剩余的标本将这条鱼认定为腔棘鱼，对它进行了描述，并为纪念其发现者而给了它一个拉丁学名：拉蒂曼鱼（*Latimeria*）。

博物馆只保存了这个原始标本的一些鳞片。虽然它们可能看起来平平无奇，却与近代的一个戏剧性的再发现故事有关。

棘皮动物的进化

海星是最具代表性的海滨动物之一，这可能要归因于它们独特的形状和鲜艳的颜色。海星与其他标志性海洋动物（如海胆和海参等）一样，具有独特的对称形式，称为五辐对称，又称为五次对称，也就是说它们的身体被分成五个大致相等的部分。自然界中的五辐对称现象是很常见的，特别是在植物中，但是这些动物的非同寻常之处在于它们幼年时期的身体与大多数动物一样两侧对称。它们被命名为棘皮动物，是仅有的两种具有这种独特特征的动物之一。与棘皮动物亲缘关系最接近的生物是一种被称为半索动物的蠕虫状生物，也是以两侧对称的方式开始生命的。

从进化的角度来看，这是一个非常有趣的现象。与软体动物相比，棘皮动物具有坚硬的矿化骨骼，这极大地增强了它们保存为化石的机会，因此它们具有极好的化石记录。这些化石记录了棘皮动物最早期的历史，有助于我们更好地了解它们的进化过程。第一批棘皮动物化石形成于5亿多年前，包括同时存在两侧对称和五辐对称的灭绝类群。此外，一些化石还表现出三次对称，而有些化石缺乏清晰的对称形态——换句话说，它们是不对称的。

我们根据对现生动物的了解，以及利用现代方法重建不同物种间的亲缘关系，可以推测早期两侧对称的棘皮动物位于棘皮动物进化树的基部。进化树的下一个分支是不对称的棘皮动物类群，随后是那些三次对称的类群。最后，我们看到了五辐对称类群分化出来，其中包括海星等许多存活至今的物种。此处的海星化石展示了其中两个五分支触腕的侧面。

利用化石记录，我们可以清晰地看到棘皮动物如何从两侧对称的蠕虫样生物演化成星形的物种。

十足目与生态保护

整体而言，甲壳纲动物系列藏品是博物馆的典藏精品之一。这些标本建立在查尔斯·达尔文等研究人员的历史捐赠基础之上，后来又经过世界上最重要的十足目专家之一萨米·德格雷夫博士多年研究补充，现在包含了许多罕见十足目物种的典型标本。这些标本是进行形态学和遗传学研究的分类杰作，虽然保存在众多充满了防腐剂的罐子和试管中，却能够提供有关生物多样性、物种分布和生境丧失、环境污染和全球气候变化的大量信息。

十足目包括螃蟹、龙虾、小龙虾、淡水虾和咸水虾，其中大部分是海洋动物。也许它们因在渔业中的经济重要性而为人熟知，但它们也具有非常重要的生态作用。从红树林沼泽到深海热泉，在遍布世界的各种生境中，十足目展示了一些惊人的多样性和适应性。不论是字面含义还是象征意义，最近得到描述的手枪虾（*Synalpheus pinkfloydi*）都令人叹为观止。它们利用鲜艳的粉红色螯肢抵御捕食者，并通过快速闭合巨螯击晕猎物，所产生的冲击波是海洋中最响亮的声音之一。灵思风岩虾（*Periclimenes rincewindi*）因其与周围环境融为一体的能力而得名。这种小虾寄生在一种自由游动的海星上，发展出一种与寄主相匹配的独特色彩模式，以至于直到2014年才被研究人员识别出来并进行描述。

博物馆目前保存有1 177种虾类。该信息数据库可用于大量的研究，博物馆也与世界各地的研究人员分享信息和出借标本给他们。最近一项关于淡水虾的大规模研究发现，根据世界自然保护联盟红色名录标准，近三分之一的淡水虾物种都处于“受威胁”或“近危”等级。德格雷夫博士等14位研究人员组成团队，借助标本数据库和共享的专业知识等相关信息，为这一类群制作了第一份全球灭绝风险评估报告。这项工作和维护这些标本的重要性，使博物馆站在了世界舞台中央，而这只是它在支持我们对自然界的理解中所发挥的众多作用之一。

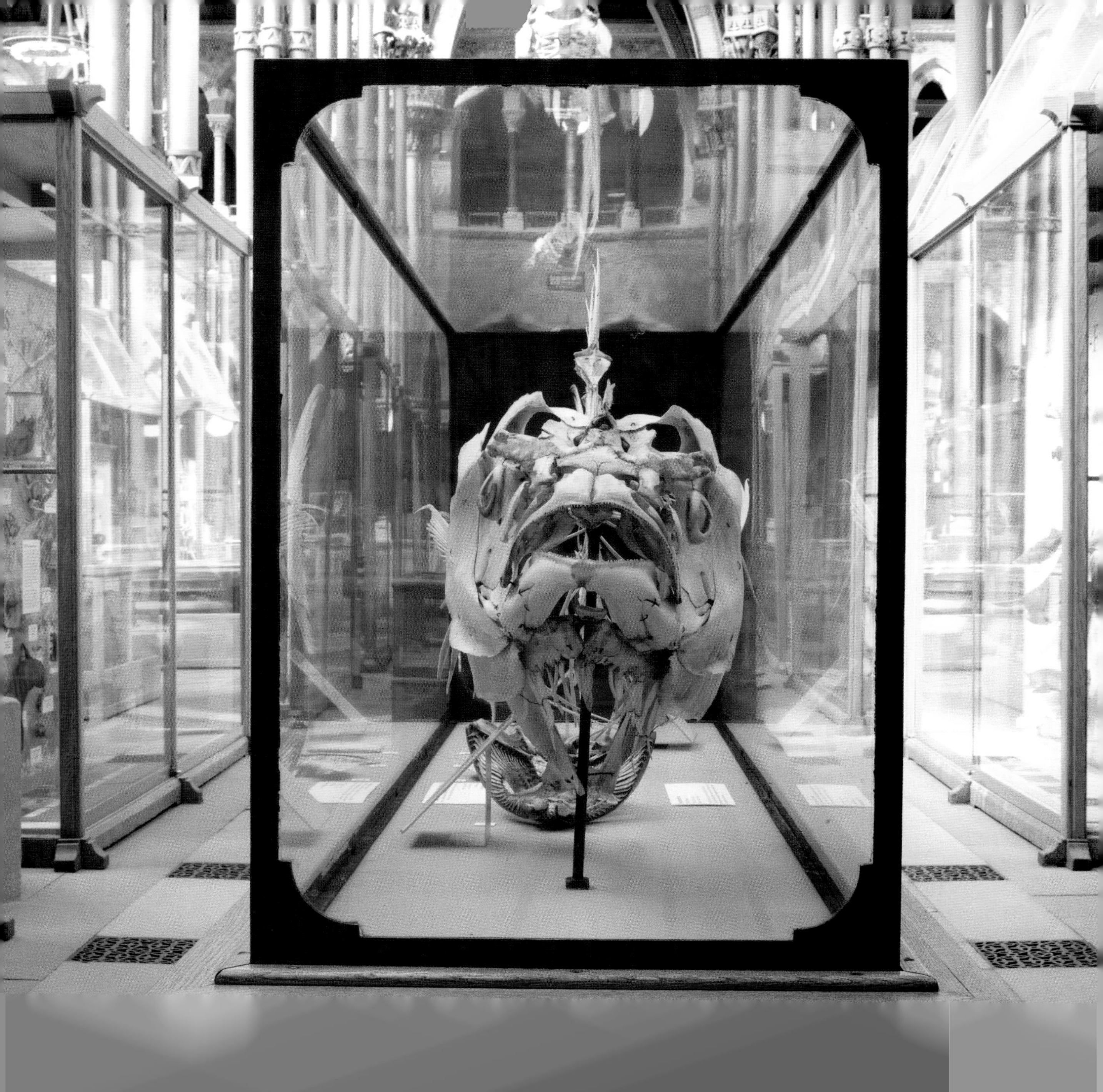

金枪鱼

1846年年初，渍透了盐又被装在一口8英尺[①]长的木箱子里（上面写着寄给“牛津的阿克兰博士”），这只北方蓝鳍金枪鱼（*Thunnus thynnus*）在牛津大学自然史博物馆的创建者兼主要标本收集人亨利·阿克兰的陪伴下，如此开始了它从马德里前往博物馆的旅程。

这趟旅程对于人和鱼而言都充满了变故。1月9日或10日，一场剧烈的暴风雨袭击了比斯开湾，船员和乘客都把厄运归结于大箱子里的怪物。他们觉得阿克兰是一位医学博士，并认为箱子里是病人的尸体。在封建迷信思想的影响下，他们将此与坏天气联系在一起，完全不听阿克兰努力解释。

他们如此恐慌，以至于若不把箱子处理掉，他们就打算发起暴动。船长为了稳住局面，不得不与阿克兰交涉，告诉他这个不吉利的箱子将被扔下船去。阿克兰为了保住标本，威胁他们说将会状告法庭，但船员和乘客并不买账。最终，不愉快的休战结果就是船员和乘客全程都无视阿克兰的存在或拒绝与他讲话。

面临如此窘境，阿克兰不得不让船上的木匠打开箱子，展示了金枪鱼的真身，向全船人证实他所言不虚。剩下的行程终于得以相对平静地度过，直到1月13日，船在偏航10英里[②]之后触礁，搁浅在多塞特海岸。

多亏还有一艘小船可以将乘客全数安全送到海滩。水手们也许是对他们因为大木箱子而为难阿克兰感到愧疚和懊悔，于是分两次返回船上将金枪鱼标本抢救回来。随后，标本终于被送抵牛津，状态良好，从此在这里过上了平静的生活。

当1860年博物馆开放时，金枪鱼的骨骼标本是放在中央大厅对公众进行展示的首批标本之一。时至今日它依然在那里，据说这是博物馆中持续展出时间最长的标本。

---

① 1英尺 = 30.48厘米。——编者注

② 1英里≈1.61千米。——编者注

鲸的故事

从博物馆建立早期开始，在中央展览大厅的顶梁上就悬挂着五具鲸鱼和海豚的骨架。为了在解剖学课程中使用以及开发其潜在科研价值，这些标本被一些19世纪末期最重要的鲸类研究者赠送给博物馆。丹麦动物学家丹尼尔·弗雷德里克·埃施里希就向博物馆捐赠了其中两具正在展出的标本：入口处的座头鲸头骨和悬挂的小须鲸骨架。

1868年，一只宽吻海豚被抓获于霍利黑德附近。在它被做成骨架标本之前，著名自然史学家威廉·亨利·弗劳尔曾为其绘图。逆戟鲸的骨架来自一头1872年被渔民杀死于布里斯托峡湾的个体，而白鲸骨架在1881年得自挪威斯匹次卑尔根，由阿尔弗雷德·亨格·科克斯赠送给博物馆。

2013年博物馆进行了屋顶翻新项目，为管理员提供了一个独特的机会接近标本，以进行一些必要的修复工作。他们将标本降低，为翻新屋顶所搭建的脚手架在标本周围形成了一个保护空间，公众可以在地面观察到整个修复过程。

多年的光照和尘埃累积导致标本表面肮脏并破裂。博物馆开展了国际公认的修复项目“一窥鲸腹”（Once in a Whale）来改变这一状况，整个过程非常壮观。一组管理员对标本进行广泛处理后，经年积累的尘埃和渗漏的油脂得以清除。然后，他们对骨架进行了加固，在多孔的骨骼中注入树脂以黏合易碎部分并保持脆

弱部分的完整性。

一旦清洁和处理完成，标本就被重新组装起来，确保它们在解剖学上正确连接，并且可以保存下去以供未来的游客欣赏。

坚如蜗牛

在印度洋底深度超过2 500米的海底热泉外，喷涌着350摄氏度以上超高温热液的黑“烟囱”旁边，生活着一种鳞角腹足蜗牛（*Chrysomallon squamiferum*）。这是目前所知唯一拥有鳞片盔甲的腹足类动物，它的鳞片和壳体都已经硫化铁矿化。

鳞角腹足蜗牛于2001年首次发现于印度洋的凯瑞（Kairei）热泉区域。这一发现十分令人惊讶：即使与其他专门生活在热液口的动物相比，它们的适应性也非常出众。众所周知，蜗牛壳的形态多种多样，但没有其他任何腹足类动物的足部具有矿化结构，而这个物种的腹足上却有数千枚鳞片。关于这些鳞片的功能有几种说法，例如认为这些鳞片可以用于保护或解毒，然而其真正功能仍然成谜。

直到1977年，深海热泉才在加拉帕戈斯裂谷中首次被发现。裂谷位于著名的加拉帕戈斯群岛附近，岛屿上独特的动物群因启迪了查尔斯·达尔文建立自然选择理论而闻名于世。这些热泉是地质活动产生的深海“温泉”，所喷涌出的炙热液体通常为酸性，含有各种金属元素及硫化氢。硫化氢就是臭鸡蛋味道的来源，对于多数生物而言都是有毒的。然而，有一些细菌可以通过化能合成过程，利用硫化氢产生能量。

在地质时间尺度上，许多奇异的生物体已经适应了这种有毒环境中的生活，并通过利用细菌产生的能量蓬勃发展。鳞角腹足蜗牛也利用了化能合成的力量，在其肠道的扩大部分中生活着内共生细菌（生活在另一个生物体内的、互利共生的细菌）。这种体内“食品工厂”能够产生蜗牛所需的能量。这种显著的适应性可能是它的体型比近亲大三倍的原因。

尽管科学家早在10多年前就知道这一物种，却直到2015年才对它进行正式描述。后来，博物馆收到了一套共五个标本，还有其他标本存放在全球多个机构中，为未来希望研究这一特殊物种的科学家提供关键参考资料。

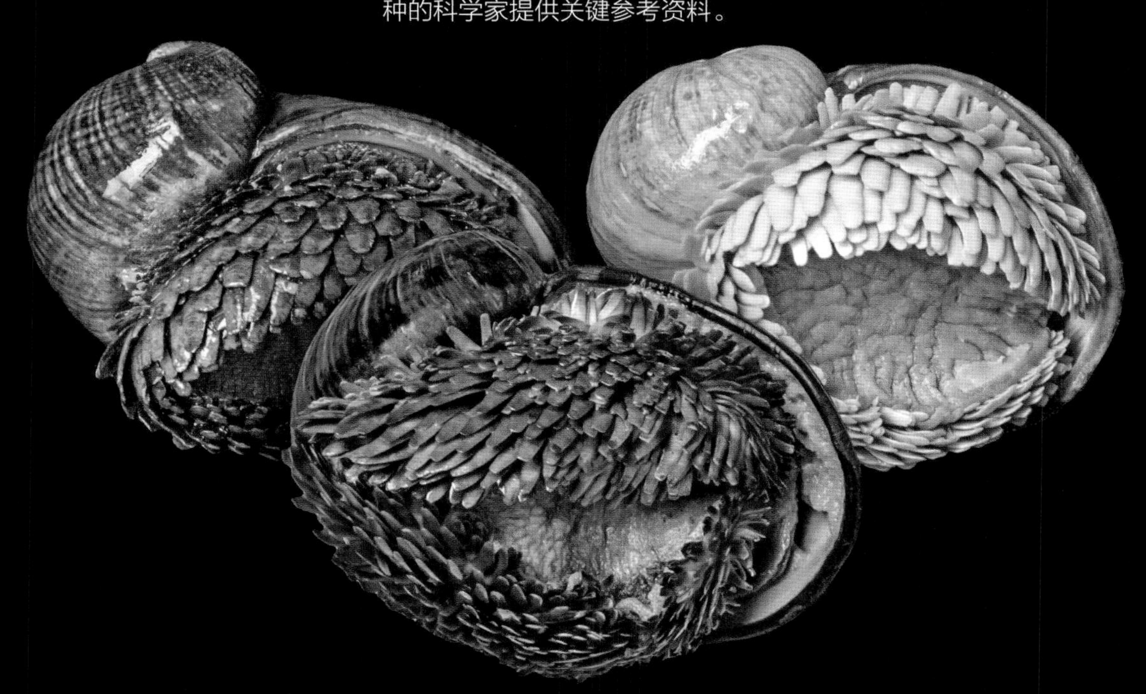

珍贵的欧泊

这件精美的标本是一种稀有的欧泊（贵蛋白石，一种宝石）形成的化石。这是一种腹足类动物（英文名称为 *Ampullospiro sp.*），可能生活在白垩纪早期（约1.1亿年前）的海水中或河流入海口处。在它死亡之后，尸体被沉积物覆盖，化学反应过程致使壳中原本的碳酸钙被二氧化硅取代，形成蛋白石。围岩中的石英砂被溶解后就会形成二氧化硅，而微生物活动等其他过程也可能参与其中。

蛋白石是一种非晶质材料，含有二氧化硅和不同比例的水。在这种情况下，二氧化硅以小球体的形式堆积在一起，仿佛一堆乒乓球，这只有通过扫描电子显微镜才能看到。世界上发现的多数蛋白石表面都呈现蜡质或玻璃质感，并不反射出“乳光”。欧泊是一种非常稀有的蛋白石。在欧泊中，二氧化硅小球刚好形成恰当的尺寸，并以非常规则的方式排列，因此当在光线下移动时，它可以展现出变幻莫测的光泽——所看到的色彩取决于二氧化硅小球的大小以及入射光线的角度。多数高品质的欧泊珠宝都是用这种材质的蛋白石制作的。

这件标本在19世纪晚期被博物馆购得。它来自澳大利亚的一个欧泊矿，发现于沉积岩之中。这种岩石是通过沉积物（尤其是流水带来的沉积物）堆积并石化（在压力下转变成岩石）形成的，其中经常会含有化石。

菊石

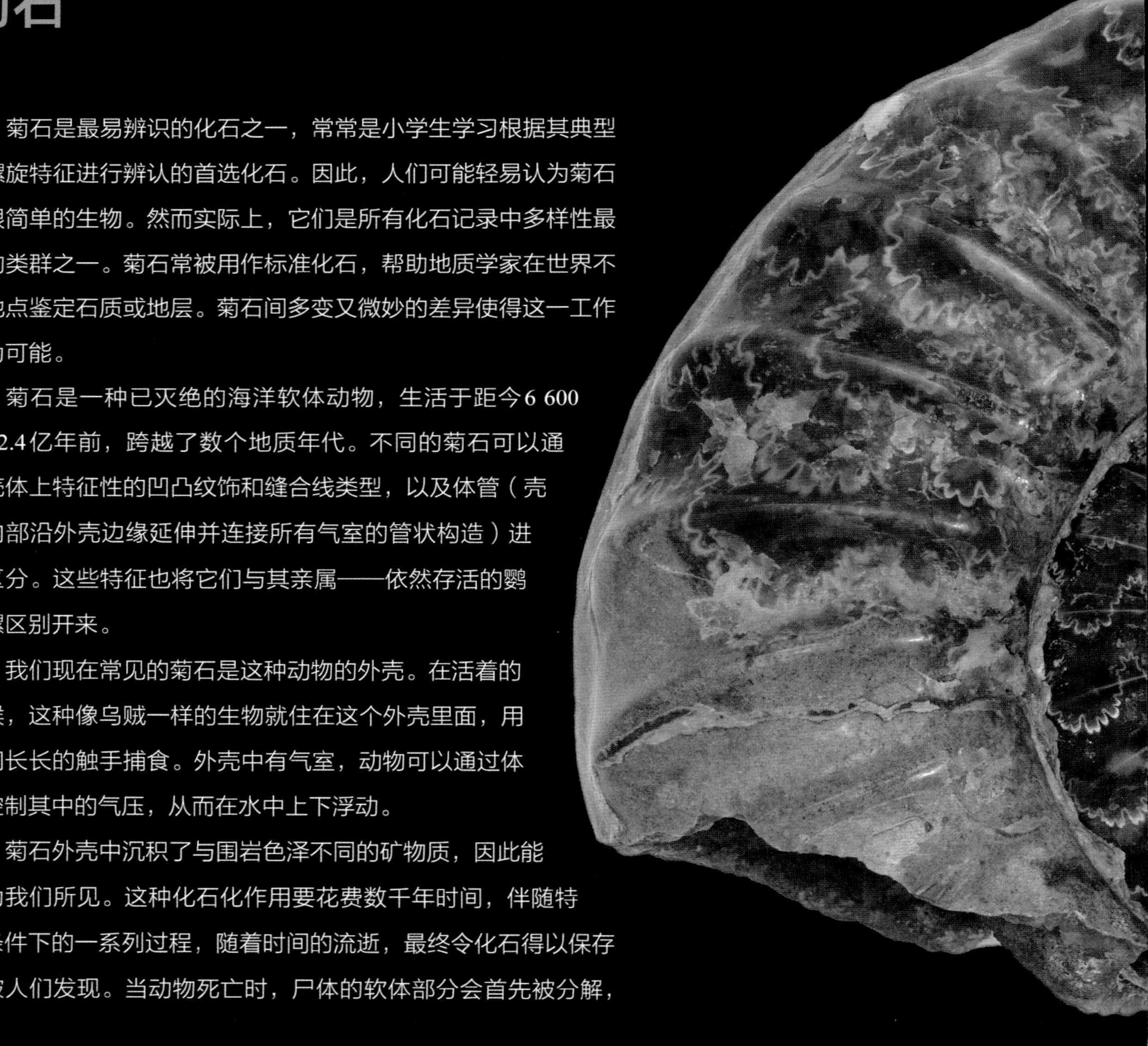

菊石是最易辨识的化石之一，常常是小学生学习根据其典型的螺旋特征进行辨认的首选化石。因此，人们可能轻易认为菊石是很简单的生物。然而实际上，它们是所有化石记录中多样性最高的类群之一。菊石常被用作标准化石，帮助地质学家在世界不同地点鉴定石质或地层。菊石间多变又微妙的差异使得这一工作成为可能。

菊石是一种已灭绝的海洋软体动物，生活于距今6 600万~2.4亿年前，跨越了数个地质年代。不同的菊石可以通过壳体上特征性的凹凸纹饰和缝合线类型，以及体管（壳体内部沿外壳边缘延伸并连接所有气室的管状构造）进行区分。这些特征也将它们与其亲属——依然存活的鹦鹉螺区别开来。

我们现在常见的菊石是这种动物的外壳。在活着的时候，这种像乌贼一样的生物就住在这个外壳里面，用它们长长的触手捕食。外壳中有气室，动物可以通过体管控制其中的气压，从而在水中上下浮动。

菊石外壳中沉积了与围岩色泽不同的矿物质，因此能够为我们所见。这种化石化作用要花费数千年时间，伴随特定条件下的一系列过程，随着时间的流逝，最终令化石得以保存并被人们发现。当动物死亡时，尸体的软体部分会首先被分解，

只剩下骨骼——对菊石来说是只剩下外壳。如果尸体有幸没有被吃掉或破坏，它们就会被碎屑掩埋在河底或海底，并在经过很长时间后被压实。随着骨骼或壳体逐渐溶解，它所占的空间也会减小，这一过程要比软体部分的分解漫长得多。骨骼或壳体溶解后留下的空间让其他物质可以填充进来，形成矿物沉积。矿物填满了空隙，最终形成了我们今日所见的化石。

三叶虫

拉尔夫 · 巴恩斯 · 格林德罗德（1811—1883）是一位非正统的医生，也是禁酒运动的大力拥护者，并不太像是会建立地质和自然史博物馆的人。然而，据《坦普勒》（1874）所称，他的博物馆“在同类型私人藏品中，即使不能称霸世界也可以名冠欧洲”。博物馆的位置也与众不同，它建立在大莫尔文镇的汤森庄园，同时作为进行“水疗法”（当时在当地十分流行的治疗手段）的诊所，不仅是火热的讲座举办地点，也是学者们见面讨论地质学和古生物学的场所。

格林德罗德的藏品很快就吸引了大量著名的古生物学家，其中一些标本开始出现在他们发表的文章中。罗德里克 · 麦奇生爵士在1859年出版的书籍《志留纪》中使用了格林德罗德收藏的标本，而J. F. 布莱克在1882年出版的专著《英国头足类动物化石》中描述了大量格林德罗德的标本。格林德罗德还认识牛津大学自然史博物馆首位馆长、高级讲师约翰 · 菲利普斯。

1883年，牛津大学博物馆（现在的牛津大学自然史博物馆）以500英镑收购了格林德罗德的藏品。这次交易是由牛津大学地质学教授约瑟夫 · 普雷斯特维奇安排的，价格涵盖了这些标本、陈列柜以及为了显示对这些标本的重视而雇用罗伯特 · 埃瑟里奇的费用——埃瑟里奇当时在大英博物馆（自然史博物馆）工作。

1885年8月4日，地质学家亨利·伍德沃德致信普雷斯特维奇，进一步赞美了格林德罗德收藏的三叶虫标本（这些标本已经在牛津的新家了）：

> 我们花了两天时间在博物馆研究格林德罗德的三叶虫标本，真是美好的两天啊……我理清了文洛克三叶虫标本的顺序，写了标签，固定了一些松动的标本。我还标记了那些索尔特已经解决了的标本，以及那些没有任何标志能表明它们身份的标本……我随后会告诉你，我是否要出借一些标本给古生物学会进行鉴别。……最精美的标本是坚外壳虫属和镜眼虫属，前者总是非常罕见的。
>
> 研究格林德罗德的陈列柜是为了确认我之前认为这些藏品非常宝贵的观点，这实在是太令我开心了。

玻璃标本

这些精美的英国海葵模型由布拉施卡家族所制，他们家族专门制作各种玻璃制品，该事业延续了300多年，前后共计9代人的时间。直到19世纪晚期，玻璃拉丝热塑大师和塑像家利奥波德·布拉施卡才将这一技艺用于制作微生物和软体无脊椎动物模

型。他的儿子鲁道夫·布拉施卡很快也加入了这一工作。他们因所收集的玻璃花朵和植物闻名于世，同时收到了大量海洋无脊椎动物模型的订单。受到动物学标本、科学文献和活体动物观察的启迪，以及展现难以保持的色彩和结构的艺术品所带来的灵感，布拉施卡父子创作了数千件玻璃模型，其中许多模型最终被博物馆和大学收藏。这些模型绚丽的色彩和对细节的精准表现，让它们具有了极高的教学和展示价值，而其自身本就是美丽的代言。

博物馆所藏的模型是1867年所得，被认为是现存最古老的一批布拉施卡玻璃模型。尽管它们已经有150多年的历史，有一些对物种特征的表现也不太准确，但它们仍然向我们展现了只有在英国海葵的自然生活环境中才能见到的鲜艳色彩和奇异形态。

珊瑚中的螃蟹

18至19世纪，一些美国和欧洲国家的探险船队为自己国家的博物馆收集了许多石珊瑚。珊瑚相对容易采集，尤其是那些生活在浅海中的物种。经过干燥和清理，珊瑚的骨骼非常容易得到保存和研究。现在，许多为人熟知的珊瑚物种都是根据历史上采集的标本进行科学描述的，而多数进行描述的科学家甚至从未亲眼见过活体珊瑚礁。

珊瑚也是多种小型生物的家园，这些生物栖息在珊瑚骨骼的凹陷或裂隙中。早期的科学家可能认为珊瑚上的小洞或裂隙是随机损伤，但现在这些小洞被认为是共生生物的杰作。有一类小型的螃蟹完全适应了在珊瑚礁中居住。这些“隐螯蟹”是博物馆研究人员桑西亚·范·德梅基博士的工作重心。她利用隐螯蟹作为模式类群，研究动物如何在珊瑚礁中共同生活。

实际上，自然史藏品能够为这种研究提供丰富的信息。这些隐螯蟹的住所具有特殊的形态和尺寸，因此可以据此检测它们在标本中的存在。这带来了多个以藏品为基础的科学发现。根据化石珊瑚藏品，科研人员重建了上新世和更新世时期西大西洋地区的隐螯蟹分布。这些信息帮助科学家了解珊瑚礁生物的进化，以及它们所处的生态系统的综合特征。

牛津大学自然史博物馆中所藏的干燥珊瑚标本主要来自苏丹红海及邻近区域。在这一领域直接进行的科学研究不多，但根据

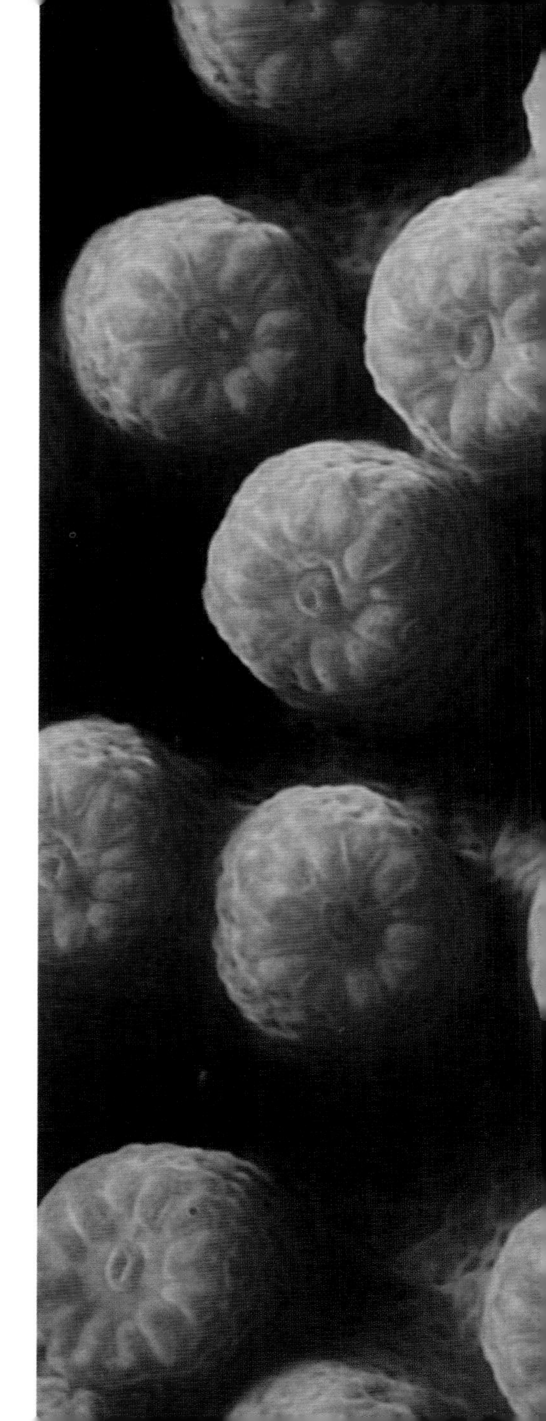

博物馆中所藏的珊瑚标本，科研人员发现了苏丹最早的隐螯蟹记录。当前的科学研究可以对博物馆中的历史藏品进行重新解释，赋予其新的意义和价值。

贝尔的陆龟

托马斯·贝尔（1792—1880）最初曾学习成为一名牙医，但随后他还是追随了自己对自然史的毕生热忱。他虽然并未接受过正规动物学教育，却仍在自然科学领域取得了巨大成功。尽管他只是一位业余研究爱好者，但依然在1836年被任命为伦敦国王学院的动物学教授，并且是伦敦动物学会的创始会员之一。他还是林奈学会的成员，而且在1858年达尔文和华莱士共同提出自然选择理论的那届会议上担任主席，不过大家好像都对他没什么印象。

贝尔的兴趣十分广泛，包括两栖动物、爬行动物和甲壳类动物。他出版了大量的书籍和科学论文，包括对达尔文在小猎犬号航行期间所采集标本的描述。他所著的《龟鳖类专著》是一部雄心勃勃的开创性著作，旨在概述世界上所有现存和已灭绝的陆龟、水龟和海龟物种。不幸的是，由于财务问题，他需要依赖人们购买已出版部分才能获取资金，因此这本著作从未完成。好在其中8册已经出版，特别值得一提的是随科学描述所附的极其精美的插图。詹姆斯·德卡尔·索尔比为这本书制作了40个手工上色的印版，并由爱德华·利尔重新制作了平版印刷。两位都是备受推崇的插图画家。

贝尔经常向别人借用标本，其中只有很少一部分成为他的个人收藏。1861年，这些标本最终由牛津大学的主要捐助者和霍普

昆虫学系的创始人弗雷德里克·威廉·霍普购得。他将贝尔收集的爬行动物和陆龟等标本赠送给博物馆，但这一举动遭到了其他一些人的强烈反对，他们认为这些重要的标本应当为自己所有。这引起了大量争论，直到贝尔自己发表了一封信，声称他已将他的大量爬行动物标本出售给霍普，包括那些在他的作品中出现过的标本。

多年以后，专著未出版部分（包括索尔比的一些印版等）由出版商H. 索德兰有限公司购得，它决定重新出版整部作品。贝尔拒绝完成文本，因此大英博物馆的动物学管理员约翰·爱德华·格雷受命完成这一工作。1872年，詹姆斯·德卡尔·索尔比和爱德华·利尔所创作的《乌龟、水龟和海龟图谱》出版。

查尔斯·赖尔的化石系列藏品

在博物馆的众多藏品中，最默默无闻却令人最为印象深刻的系列藏品之一属于查尔斯·赖尔（1797—1875）。该系列藏品共有16 000多件，主要为来自欧洲和北美的新生代（6 600万年前至今）的软体动物标本，包括像蛤蜊、牡蛎和贻贝等物种一样的双壳类动物，以及腹足动物（蜗牛样生物）。赖尔的侄子莱纳德·赖尔爵士在1903年将这些标本赠送给博物馆。然而，该系列藏品的重要性与标本自身关系不大，而是与著名的收藏家查尔斯·赖尔有关。

查尔斯·赖尔以其所著的《地质学原理》而闻名，该书宣传并拓展了詹姆斯·赫顿的均变论概念——地球是由今天仍在进行的连续统一过程所塑造的。赖尔是查尔斯·达尔文的亲密且有影响力的朋友，他的《地质学原理》是达尔文在小猎犬号航行期间携带的为数不多的地质学书籍之一。《地质学原理》第一版第一卷出版于1830年，在出发前不久由船长交给达尔文。随后，1832年出版的第二卷也被送到了当时在南美洲的达尔文手中。

在很长一段时间里，赖尔都未能理解达尔文的进化论。直到1865年《地质学原理》最终版修订期间，他才完全接纳了达尔文

的观点。达尔文本人对赖尔接受进化论时的犹豫不决给出了最好的解释："考虑到他的年龄、他以前的观点和社会地位，我认为他这样可谓英雄之举。"

除了对达尔文的影响之外，赖尔的另一项主要科学贡献是基于化石动物特征与现今动物相似性的增加，将第三纪地质时期划分为上新世、中新世和始新世。牛津所藏赖尔的化石标本包含了这项工作所依据的材料。

博物馆最近为这一系列重要的藏品编制了目录，现在该目录已经可以在线获取。

Nos. 14591+14592
possibly the 'new
species' mentioned in
Bell's British
Crustacea (pp. 196+207)
14592 DARWIN
Munida subrugosa (White) ♂?
14591 DARWIN
14609. DARWIN
Paramphithoidae
Determined by
R. Lincoln &
J. Ellis (BMNH)
1983
90
DARWIN

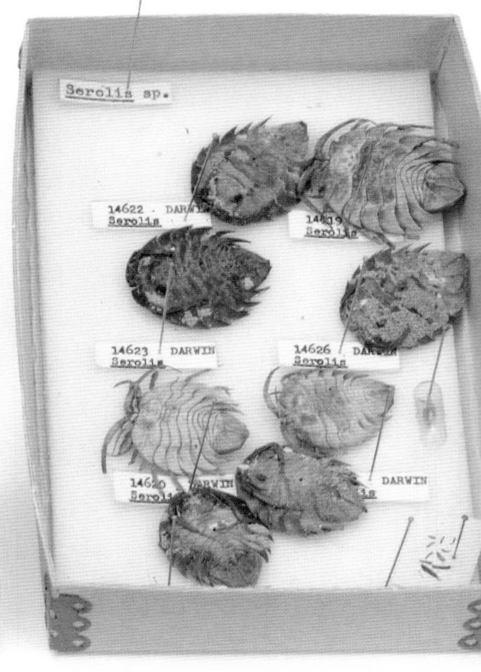

Serolis sp.
14622 DARWIN
Serolis
14623 DARWIN
Serolis
14626
Serolis
DARWIN

GRIMOTHEA
14562 DARWIN
Munida gregaria (Fabricius, 1793) ♀?
14563 DARWIN
Munida gregaria (Fabricius, 1793) ♀

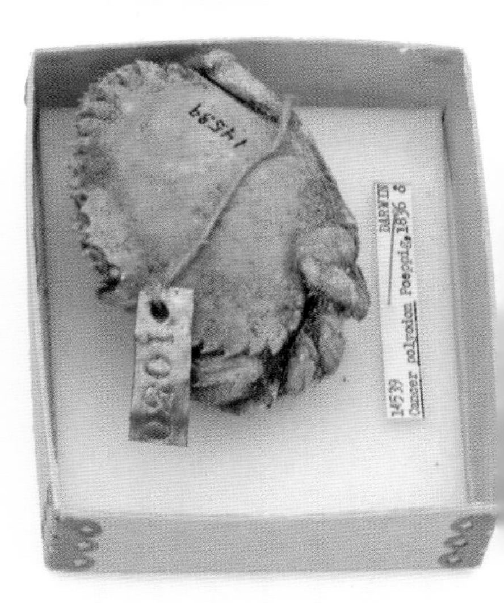

14539
DARWIN
14539 Cancer polyporon Poeppig, 1836 ♂

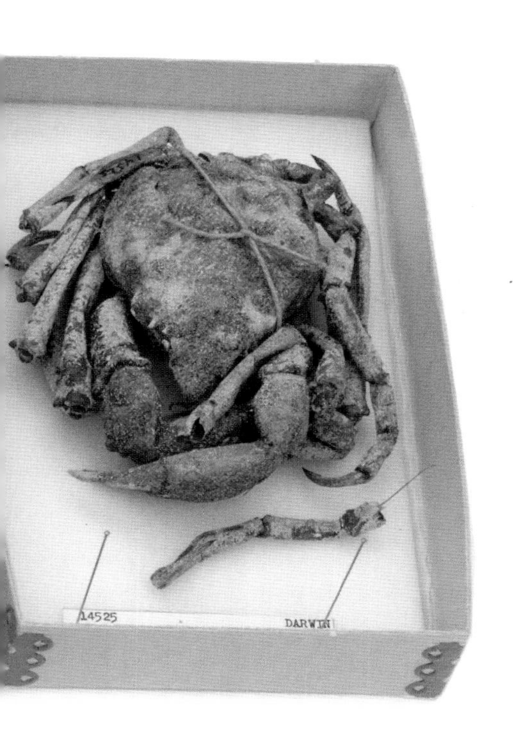

达尔文的螃蟹

查尔斯·达尔文在剑桥大学度过了本科时光，毕业于1831年。在此期间，他经常与身为学校讲师和植物学家的约翰·亨斯洛讨论关于自然界的问题，并建立了终生的友谊。正是亨斯洛在拒绝了小猎犬号的博物学家和船长助理的工作之后，推荐了达尔文担任这一职务。在接下来长达5年的航行中，达尔文和亨斯洛继续通信交流，而且亨斯洛的工作是影响达尔文后来的著作的重要因素之一。

在随小猎犬号航行期间，达尔文不仅进行了生态学和地质学观察，还采集了大量的自然史标本。在回到英国之后，这些标本被委托给多位科学家进行研究。甲壳纲动物标本，或者说螃蟹、虾和龙虾等，都被送到托马斯·贝尔处——现在他对海龟和陆龟的研究更加出名。当时大家都把贝尔当作研究小组的专家，但他的工作进展缓慢，一直未对这些标本进行恰当的描述。这些标本在贝尔的柜子里安静地沉睡了许多年，直到1862年，被首位霍普动物学教授约翰·奥巴代亚·韦斯特伍德代表大学博物馆购得。韦斯特伍德一同购买的还有许多其他标本和材料。

在博物馆所藏的甲壳纲动物标本中，有些是干燥保存的，例如这里所示的标本，其他的则保存在酒精中。不过，根据达尔文的笔记本上的记录，我们可以清楚地知道原本一切都存储在酒精中。许多幸存的标本都有手写编号标签，这要归功于达尔文在小

猎犬号上时的仆人西姆斯·科温顿；还有一些拥有金属编号标签。这些数字与《葡萄酒精标本目录》中列出的数字相符。这份有着绝妙标题的目录是在整个航程中收集的标本的目录，按时间顺序排列。在这份目录中列出的230个甲壳类标本中，所有标本都用铅笔标有字母C，大概是为了复制出单独的清单。今天这些标本中只有110个可以被追溯并可靠地识别，从而与达尔文收集的那些对应，而通过更多的间接证据可以尝试将其他标本与他联系起来。

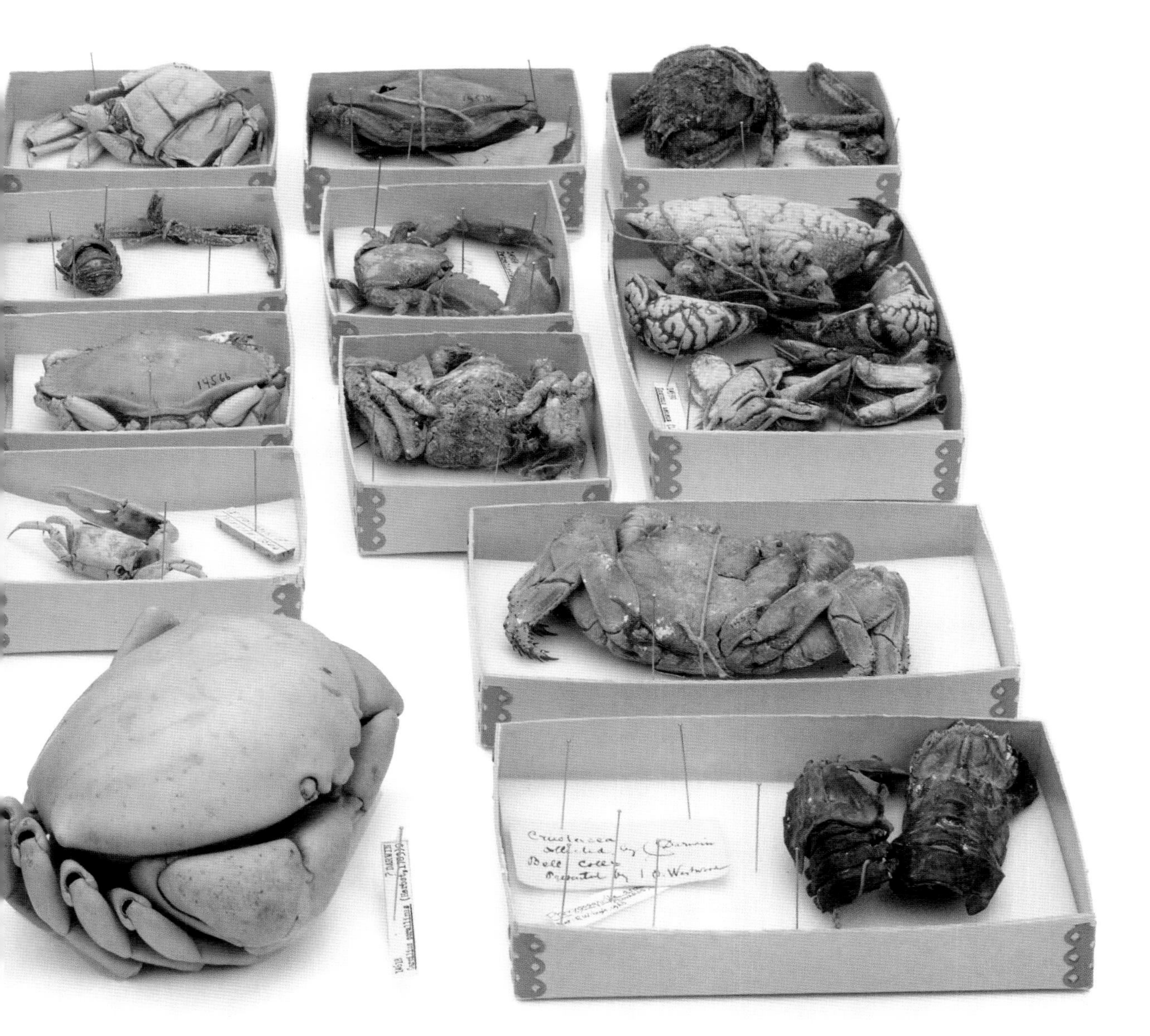

14566
Crustacea
Bell Coll
? DARWIN

华莱士巨蜂

阿尔弗雷德·拉塞尔·华莱士（1823—1913）是19世纪最不为人所知却最重要的科学家之一。很多人认为，华莱士与达尔文共同创立了进化论。华莱士研究了物种在时间和空间上的分布，即生物地理学这门科学。正是他的工作最终促使达尔文在1859年发表了《物种起源》，并使达尔文赢得了提出进化论的荣誉。

当这二人将毕生心血致力于理解进化论时，他们的工作和个人生活充满了艰辛。与达尔文不同，华莱士在很大程度上是自学成才。他出生在一个财务情况不太稳定的大家庭（他是九个孩子中的第八个），从小受到对自然界的爱好的鼓舞。他后来提及，自己可以清晰地回忆起幼时家园附近的阿斯克河的每一处环境细节，但几乎不记得当时家庭中的任何事情。他对户外的热爱引导他自学了植物学和昆虫学，以及如何采集、识别和保存动物与昆虫标本。

1848年，为了实现自己成为一名博物学家的梦想，华莱士决定周游海外。由于缺乏探险的个人资金支持，他成了一名标本收集者，采集标本运回伦敦出售。当时，从世界各地收集外国稀有标本是有钱人中逐渐流行起来的喜好，华莱士利用这种爱好获取收入。这可能帮助他完成学术工作，为他提供时间和理由来采集、观察和记录他的发现。

在华莱士所收集的标本中，最为著名的一件现在正收藏在本博物馆。这是一只雌性华莱士巨蜂，由华莱士在1858—1859年期间发现于印度尼西亚，是世界上最大的蜂类。人们曾认为这种蜂类已经灭绝了，直到1981年美国昆虫学家亚当·C. 梅瑟再次发现了它。这件标本翼展达到63毫米，令其他任何蜂类都显得渺小。它拥有巨大的口器，下腭比实际头部还长，两条下腭间像鹿角虫一样留有巨大的空隙。像这样与众不同的标本，拥有独特且明显的适应环境而形成的特征，让华莱士在马来群岛做出了关于进化真相的重要发现。

利文斯通博士的舌蝇

戴维·利文斯通博士从好友英国旅行者和探险家弗兰克·瓦登上校所用马匹的肋部采集到三只小小的苍蝇，并在1850年将它们送到了伦敦，请约翰·奥巴代亚·韦斯特伍德进行鉴定。

韦斯特伍德马上发现这是一种全新的物种，在当年晚些时候将它们命名为刺舌蝇（*Glossina morsitans*）并进行了描述，认为它们属于一种舌蝇（或称“*sētsé*”）。当时，人们只知道牲畜和人类被它们咬伤之后会患若干种疾病，这常常会导致死亡。后来花了超过50年时间，人们才搞清楚它们与一种寄生性原生动物——布氏锥虫（*Trypanosoma brucei*）的关系。1903年，一位著名的病理学家和微生物学家、少将戴维·布鲁斯爵士发现它们是导致昏睡病的原生动物的携带者和传播途径。

标本的标签上有一条对“布鲁斯虻”的神秘引用，其中的“布鲁斯”指代探险家詹姆斯·布鲁斯（1730—1794），而非后来的那位微生物学家。在19世纪早中期，有大量的文献讨论了这位布鲁斯所提到的一种非洲虻到底指何种动物。他描述了一种昆虫，“看起来非常像蜂类，动物一旦被这种昆虫叮咬就会造成持续的痛苦，身体、头部和腿部出现大

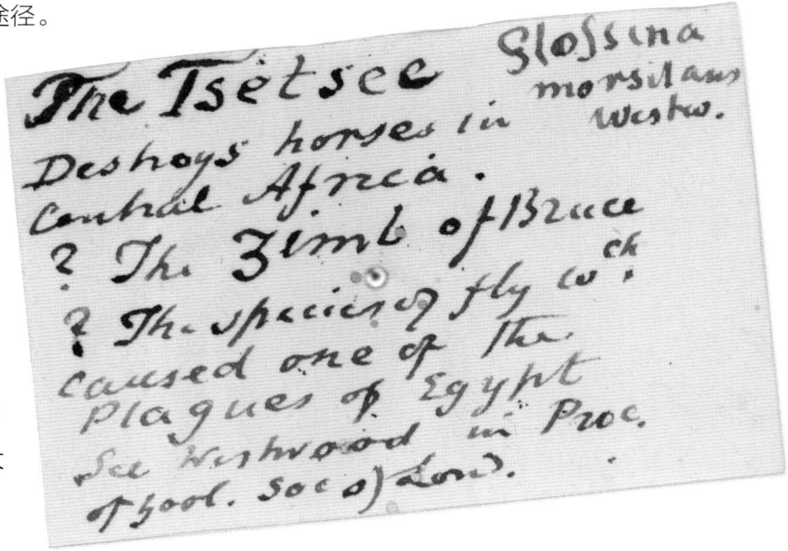

的疣突，肿胀、破溃并腐烂”，从而造成相当大的身体伤害（韦斯特伍德引自布鲁斯）。

“虻”似乎源自对一种美国方言中“苍蝇”一词的音译，有大量学者曾就此进行过激烈争论。到了19世纪30年代，多伊利和曼特注释的《圣经》出版，其中提及了埃及的第四次瘟疫（一系列致病昆虫的混合，最典型的描述为一大群苍蝇落在人们身上）。至此，昆虫学家终于接受了这一名称。

标签被清晰地写在韦斯特伍德的研究结果中，大概完成于标本刚刚抵达伦敦之后。关于虻的真实本性的问题似乎最终被韦斯特伍德解决了。通过将它们与舌蝇的特征和习性相对比，他将这种虻列入狂蝇科。该科物种的幼虫喜欢寄生在各种哺乳动物体内。

韦斯特伍德的“大跳蚤”

约翰 · 奥巴代亚 · 韦斯特伍德于1805年生于谢菲尔德。他先是学习成为一名律师，直到大家都看出来，他应当追求自己对自然史的兴趣。在1824年，他见到了即将成为他的赞助人的昆虫学家弗雷德里克 · 威廉 · 霍普——后来博物馆霍普昆虫学系的创始人。韦斯特伍德致力于昆虫学和甲壳纲动物研究及图示。1834年，霍普委派韦斯特伍德“照料并整理他的昆虫标本”。

随着韦斯特伍德作为艺术家的名声逐渐响亮起来，他有机会为许多自然史书籍绘制插图，主要是昆虫类和甲壳纲动物。博物馆的档案中存放着许多他的原稿。1861年，他当选牛津大学首任霍普动物学教授。他一直担任该职位，直到1893年去世。

长期以来，韦斯特伍德一直被认为是最后的伟大博学大师之一，其专业成就世界闻名。世界各地的专家和爱好者都会将大量的标本送给他进行鉴定，这也正是他在自然史学界的身份象征。然而，在1857年重要的某一天，他收到了“一件最为有趣的标本”，是由盖茨黑德的巴克豪斯博士发现的。韦斯特伍德为之痴迷，并在同年伦敦昆虫学会的会议上展示了这件标本（他在1833年成为该学会创始会员）。

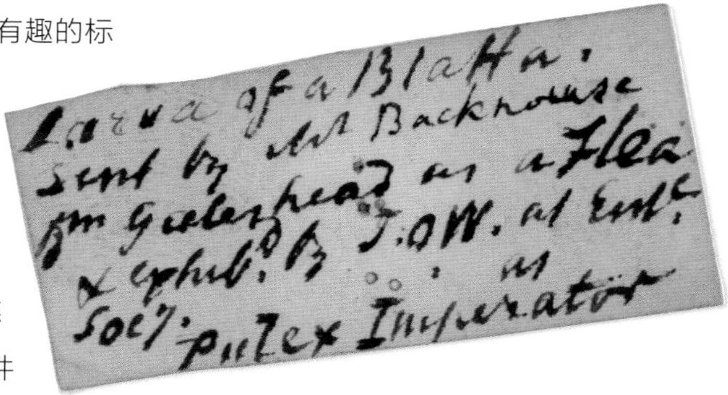

他所展示的这件标本似乎是一只巨大的跳蚤。巴克豪斯博士在床上发现了它，并将它送到韦斯特伍德处，认为它是一只巨大的人蚤（*Pulex irritans*）。但这件标本比普通人蚤大20倍，因此韦斯特伍德认为这应该是一个新的物种，并在次年对它进行了描述，将其命名为帝王蚤（*Pulex imperator*），暗指它是所有已有描述的蚤类物种中的霸主。

请记得韦斯特伍德是一位传奇的昆虫学家，故事的后半段表明，哪怕最有经验的科学家也会犯错误。1859年，在伦敦昆虫学会的另一次会议上，韦斯特伍德表示这一标本被证实根本不是跳蚤，而是一只非常年轻且被压扁的蟑螂幼虫，应是东方蜚蠊（*Blatta orientalis*）。然而，这一标本的标签上仍写着“*Pulex imperator*”，提醒大家即使是最厉害的人偶尔也会犯错。

鹿角实蝇与适应

活体动物和植物所表现出的多样性与变化确实令人叹为观止。从构成星鼻鼹感受器官的肉质触须，到帮助海龙进行伪装的叶状突起，第一眼看去，这些进化适应既古怪又神秘。尽管一些物种已经得到了细致的研究，但还有很多无人问津。大自然中依然有许多神秘物种等待我们去发现，尤其是无脊椎动物。虽然我们已经发现并描述了100多万种昆虫，但对其中许多种类的生境和习性依然知之甚少。而正是在昆虫之中，我们发现了生物对环境的适应方式可以如此丰富多彩。

比戈-马卡尔系列藏品中的鹿角蝇就是这种适应现象的一个极好的示例。这些标本采集自巴布亚新几内亚，属于实蝇科的一个亚科，通常称为“鹿角实蝇”。角是性选择的产物，只有雄性有角。雄性通过直接比较角的大小或进行摔跤来竞争雌性。摔跤时，雄性的角相互扣住，它们都试图将对方推开。实际上，它们的角是增大的颊突，角上通常有色彩或图案用于展示。

该物种雌雄个体之间的差异是典型的两性异形，即不同性别的个体拥有截然不同的形态或体型。这种差异可能像鹿角实蝇一样非常明显，也可能像乌鸫一样更为微妙。雌性乌鸫体色为褐色，有助于在它们孵卵或养育幼鸟时进行伪装隐蔽。在某些情况下，性别差异可能非常明显，以至于不同性别的个体曾被描述为两个独立的物种。

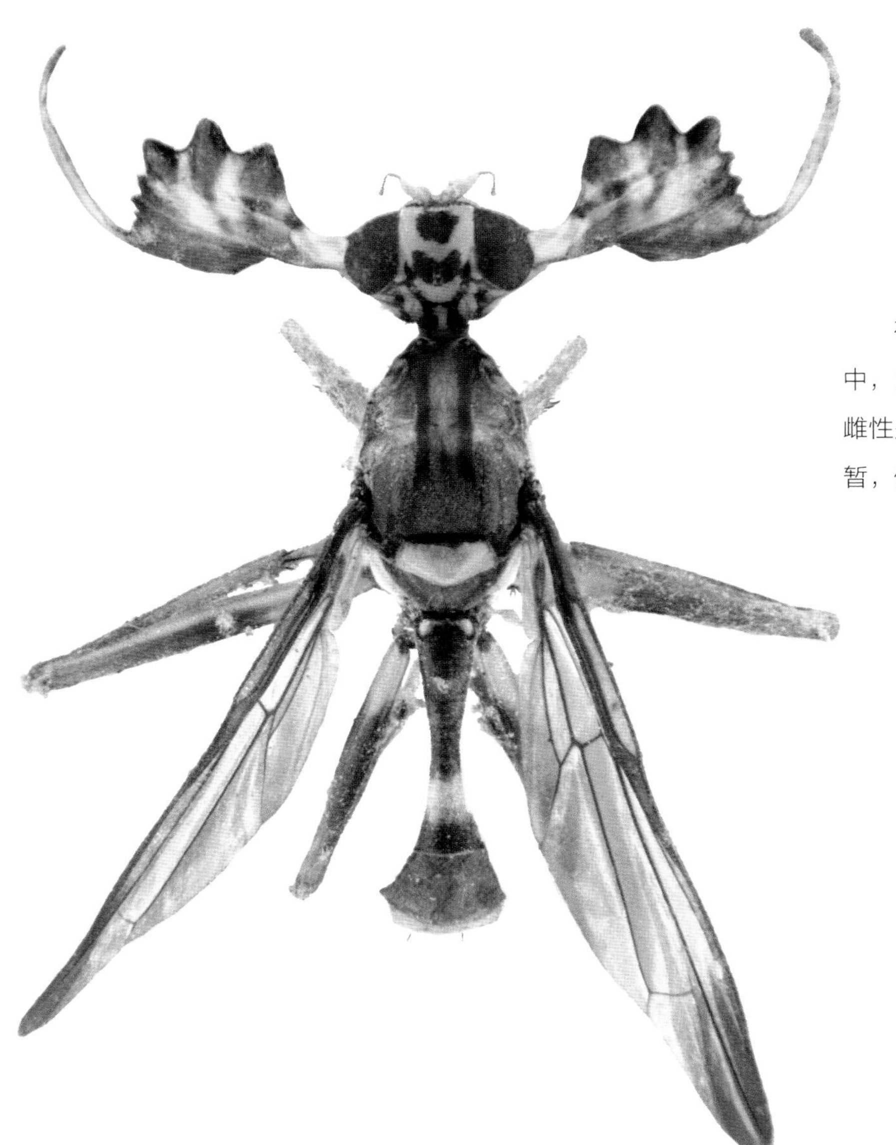

在另一个两性异形的极端例子中，角斑古毒蛾（*Orgyia recens*）的雌性是无翅的，成体生活时间非常短暂，依赖有翅的雄性前来寻找它们。

救命甲虫

皮埃尔·安德烈·拉特雷耶（1762—1833）是一位杰出的法国动物学家，法布里丘斯称其为“当时的首席昆虫学者”。拉特雷耶16岁时来到巴黎求学，在此迷上了自然史，师从勒内·茹斯特·阿羽依和让-巴蒂斯特·拉马克等重要的科学家，到处采集昆虫。尽管抱有对自然界的挚爱，后来他却开始学习成为一名牧师，并于1786年在利摩日大研讨会获得助祭身份。

1790年法国大革命时期，法国政府在牧师中强制推行《教士公民组织法》，要求他们宣誓效忠法国，否则他们将被驱逐出境。不知为何，拉特雷耶错过了宣誓的截止日期，于1793年被宣判有罪。他先后在布里夫和波尔多度过了两年的牢狱时光，多亏了一只小小的甲虫才免于被驱逐出境。

当时，一位造访监狱的医生惊讶地发现拉特雷耶正趴在地上观察一只昆虫。拉特雷耶解释说他正在观察双色琉璃郭公虫（*Necrobia ruficollis*），这是一种稀有而重要的甲虫。这位医生被他的学识所折服，将这只甲虫送给了名为让·巴蒂斯特·博里·德圣樊尚的年轻博物学家。博里·德圣樊尚早已知晓拉特雷耶在昆虫学方面的著作，因而想办法将他营救出狱。在拉特雷耶于1806年撰写的书籍《甲虫概述》中，他向那些救了自己性命的人（和虫）表达了感谢：

这是一只对我来说十分值得尊敬的昆虫，在法国那些遭受着各种灾难蹂躏的不幸日子里，我非常感激博里·德圣樊尚和道格拉斯的善意帮助，使得我能够重获自由，但首先我要感谢这只昆虫。

这个标本就是拉特雷耶当时提到的那种昆虫。它属于郭公虫科，经常出没于动物干尸和熏干的肉中——因此它的俗名正是“火腿虫”。它也会出现在尸体上，成为法医昆虫学中的有效指示物种。

在经历过这些痛苦的折磨之后，拉特雷耶并没有放弃他对昆虫学的热爱，并在1798年前往巴黎掌管法国国家自然历史博物馆的昆虫标本。在其一生之中，拉特雷耶做出了许多科学贡献，其中包括大幅增加了已知生物属的类别，建立了生物分类学中科以下“属”的概念，这些都记录在他所著的14卷《甲壳纲与昆虫纲的普通自然史与专业自然史》之中。

拉特雷耶死后葬在巴黎拉雪兹神父公墓。9英尺高的方形墓碑上树立着路易-帕尔费·莫勒克斯为他雕刻的半身铜像，纪念着他的荣耀。这里展示的是原始铜像的石膏模型，镌刻着同样的铭文，意为“1794年，郭公虫给拉特雷耶带来了安全”。

云斑粉蝶

这只最古老的活体针插昆虫标本在昆虫学历史上具有重要意义，已经有300岁高龄了。正是历代收藏家和管理者的细心呵护令它历经岁月之后依然保持良好的状态，能够被鉴定出是云斑粉蝶（*Pontia daplidice*）。

这一物种现在以“Bath White”的英文俗称为大家所熟知（意译为“巴斯白蝶”），但它在早期的作品中曾被赋予许多不同的名字，其中首次指定并发布昆虫英文俗称的詹姆斯·佩蒂夫曾将其命名为“弗农[1]的半吊唁者”。在威廉·卢因为其绘制图像并首次发表后，昆虫学家和蝴蝶爱好者赋予它现在的名称。该名称首次出现在一幅刺绣上，一位来自巴斯的年轻姑娘在研究了标本之后将它用在了绣品上。虽然现在这幅绣品已经佚失在历史中，这个名字却保留了下来。

云斑粉蝶在欧洲南部和中部地区很常见，而且人们知道它会迁徙到法国北部及更北的地区。然而，它在英国颇为罕见，时至今日，目睹一只云斑粉蝶依然能让鳞翅目昆虫学家感到心神激荡。

这件标本由博物学家弗农捕获于剑桥附近的加姆灵盖村。由于标签上只注明了1702年，其确切的捕捉日期依然成谜。佩蒂夫在1699年发表的《世纪博物馆》一书中曾提到这件标本，这暗示它的捕获日期可能更早。

现在，该标本属于戴尔系列藏品。鉴于其具体的采集日期尚未完全确定，我们比较保守地说它至少可以追溯到1702年。这件标本悠久的历史让博物馆的工作人员难以忽视，他们甚至在2002年举办聚会为其庆祝300年“诞辰”。

---

① 此处的“弗农”指下文的弗农，他于1702年首次捕捉到这种蝴蝶。——编者注

古迪纳夫燕尾蝶

由于分布区域极其有限，古迪纳夫燕尾蝶是世界上最为珍稀的蝴蝶之一，据悉只生活在所罗门海当特尔卡斯托群岛的古迪纳夫岛上的少数几座山中。古迪纳夫燕尾蝶是紫斑燕尾蝶（*Graphium weiskei*）的一个亚种，是新几内亚附近岛屿的特有物种。随着时间的流逝，它们的体色逐渐与大陆上的物种产生了显著的差异，成为独特的鉴别特征。

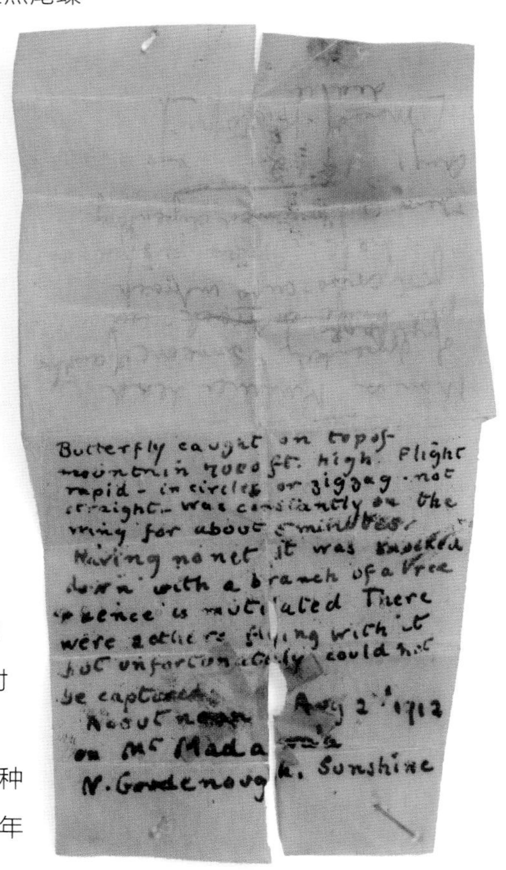

Butterfly caught on top of
mountain 7000 ft. high. Flight
rapid - in circles or zigzag - not
straight - was constantly on the
wing for about 5 minutes.
Having no net it was knocked
down with a branch of a tree
hence is mutilated. There
were 2 others flying with it
but unfortunately could not
be captured.
About noon Aug 2nd 1912
on Mt Mada
N. Goodenough. Sunshine

这件标本是人类捕获的第一只古迪纳夫燕尾蝶，是由人类学家戴蒙德·詹内斯在1911—1912年捕捉到的。当时，他正在岛上进行为期一年的研究。一位近亲给了他留在岛上的机会，他在那里研究当地原住民社会，并采集自然标本捐赠给皮特河博物馆。

在牛津大学拿奖学金学习期间，詹内斯认识了当时大学博物馆的动物学教授爱德华·巴格诺尔·波尔顿，并同意为博物馆采集标本。在一次前往古迪纳夫内陆山区旅行期间，詹内斯遇到了这只蝴蝶，但他手头没有捕蝶网或其他任何工具。他灵机一动，用树枝将蝴蝶扑下（这对蝴蝶的一只翅膀造成了一些损伤）。

1916年，这只蝴蝶被命名为紫斑燕尾蝶古迪纳夫亚种（*Graphium weiskei goodenovii*）。多年以来，这只标本和一年后沃尔特·罗思柴尔德的采集者捕捉到的另一个标本都是这一亚种仅有的标本。最近人们对古迪纳夫岛的探索发现，这种漂亮的蝴蝶仍然飞行在那片原野之中。

大黄斑凤蝶

爱德华·巴格诺尔·波尔顿在1893—1933年间担任博物馆第二位昆虫学藏品方向的霍普教授。在任职期间，他为博物馆的藏品做出了巨大的贡献，增加了几十万件标本。由于对收集标本的狂热，他获得了“收纳袋”的称号。

波尔顿对拟态尤其感兴趣。这是一种令人着迷的演化过程，一个物种模仿另一个物种的特征，借此躲避捕食者的攻击。他所著的《动物的色彩》出版于1890年，是第一本介绍体色在不同动物类群中（例如哺乳动物、鸟类等，尤其是昆虫）的功能的书。

与昆虫学系的第一位霍普教授形成鲜明对比的是，波尔顿是进化论的热心支持者。 他深信拟态是自然选择的结果，并发表了许多昆虫拟态的新例子来支持这一观点。这里所展示的就是其中一个著名的例子：大黄斑凤蝶（*Papilio laglaizei*）演化出了与气味极为难闻的日行性燕蛾类（*Alcides aurora*）极其相似的外形。

有人在新几内亚东南部的热带雨林中收集到了这两只一起飞行的标本，著名动物学家和收集

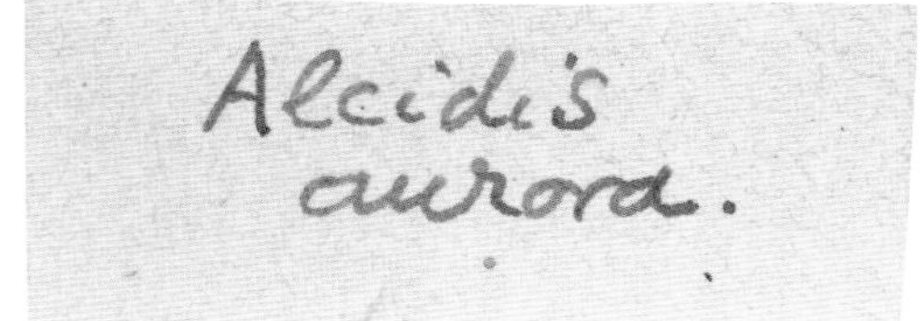

者沃尔特·罗思柴尔德男爵将它们赠送给了博物馆。在1931年发表的一篇论文中，波尔顿总结道，当这种蝴蝶将翅膀竖起来时，后翅上两个橙色的斑点合在一起，看起来好似燕蛾橙色的腹部。

Papilio laglaizei ♂!
and model!

Tr. Ent. Soc.
79. 1931
Pl. XIV. figs 1, 2

拳师螳螂

这两个标本是拳师螳螂（*Oxypilus sp.*）的若虫，由艾瑞克·伯特博士1942年在东非旅行期间采集。伯特出生于1908年，从小就喜欢收集昆虫。14岁时，他已经集齐了英国所有种类的熊蜂。他曾在伦敦帝国理工学院学习昆虫学，并因此获得了英国殖民办公室的研究职位。这一职位可以满足他研究昆虫学的雄心壮志。然而，一场摩托车车祸造成他左臂永久性麻痹，也结束了这份工作。

伯特依然决定继续他的计划。他在1934年前往坦噶尼喀（现为坦桑尼亚的一部分），并在医疗部门找到了一份舌蝇研究项目的工作。1939年，他已经成为舌蝇研究部门的首席昆虫学家。在一次前往廷德（坦噶尼喀境内）旅行期间，他发现了这两只螳螂隐藏在一条砾石小径上。身为一名狂热的收集者，他将这两只螳螂以及他对其行为的描述寄给G. D. H. 卡彭特教授，并对自己的所见进行了解释。这份描述随后以论文的形式发表在1945年的伦敦皇家昆虫学会记录中。在论文的开篇，伯特描述道："鉴于螳螂有趣的特征非常值得欣赏，应当对它们进行活体观察，还应该用摄像机进行记录。"

伯特以这些若虫为模特创作了非凡画作。这些插图展示了他在论文中所述的一只若虫表现出威胁动作的场景。他解释说，螳螂的身体几乎直立起来，触角迅速抖动，一条前腿缓慢而刻意地

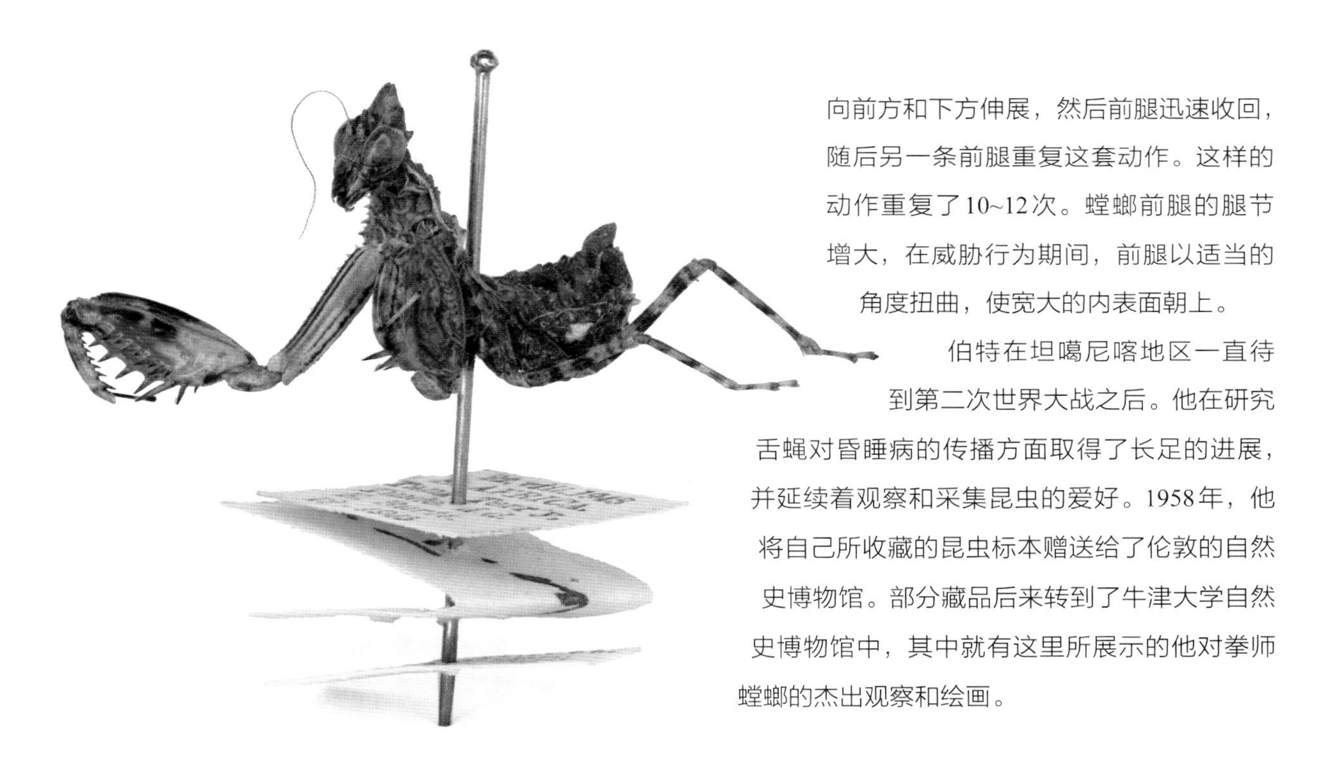

向前方和下方伸展，然后前腿迅速收回，随后另一条前腿重复这套动作。这样的动作重复了10~12次。螳螂前腿的腿节增大，在威胁行为期间，前腿以适当的角度扭曲，使宽大的内表面朝上。

伯特在坦噶尼喀地区一直待到第二次世界大战之后。他在研究舌蝇对昏睡病的传播方面取得了长足的进展，并延续着观察和采集昆虫的爱好。1958年，他将自己所收藏的昆虫标本赠送给了伦敦的自然史博物馆。部分藏品后来转到了牛津大学自然史博物馆中，其中就有这里所展示的他对拳师螳螂的杰出观察和绘画。

沃拉斯顿系列鞘翅目藏品

托马斯·弗农·沃拉斯顿身高超过6.5英尺，绝对令人一见难忘，尤其是当他戴着19世纪中期流行的高礼帽时。而他在昆虫学方面的造诣同样令人印象深刻。作为一位伟大的分类学家，他描述了数百种来自马德拉群岛和加那利群岛岛链以及其他大西洋岛屿的甲虫。尽管成年后的大部分时间都饱受疾病的困扰，他依然写出了大量的书籍和科学论文。他关于马德拉群岛和加那利群岛上鞘翅目昆虫的著作，至今仍被视为该领域内的经典之作。

同时，沃拉斯顿收集了大量的昆虫标本，其中一些现存于本博物馆中，并依然接受科学家查阅。这些标本反映了他严谨的研究方法和对细节的关注，每一个易碎的标本都用插针或胶水仔细固定在纸板上，并用色彩标记其来源地区。这些标本都是对这些岛屿上动物的独特历史记录。过去50年里，许多岛屿受到人类活动和开发的影响而发生了巨大的变化。由于生境丧失，这里收藏的许多物种可能濒危或者已经灭绝。

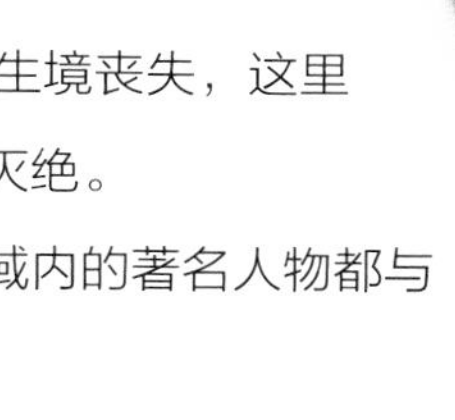

许多昆虫学和其他自然科学领域内的著名人物都与

沃拉斯顿生活在同一时代，他们之间建立了良好的友谊。沃拉斯顿经常与他们通信，交换观点和标本。尽管沃拉斯顿是达尔文的朋友，《物种起源》中也引用了许多他的工作，但由于个人信仰的原因，他不能接受达尔文的自然选择进化论。

然而，沃拉斯顿收藏的昆虫标本和工作揭示了岛屿生物迷人的演化过程（在岛屿上定居的物种迅速演化，产生新的物种来填补空缺的生态位），这也许是一个巨大的讽刺吧。沃拉斯顿告诉达尔文，他在马德拉群岛上观察到大量不会飞的甲虫物种。这使得达尔文发表了关于岛屿上昆虫无翅性演化的观点。

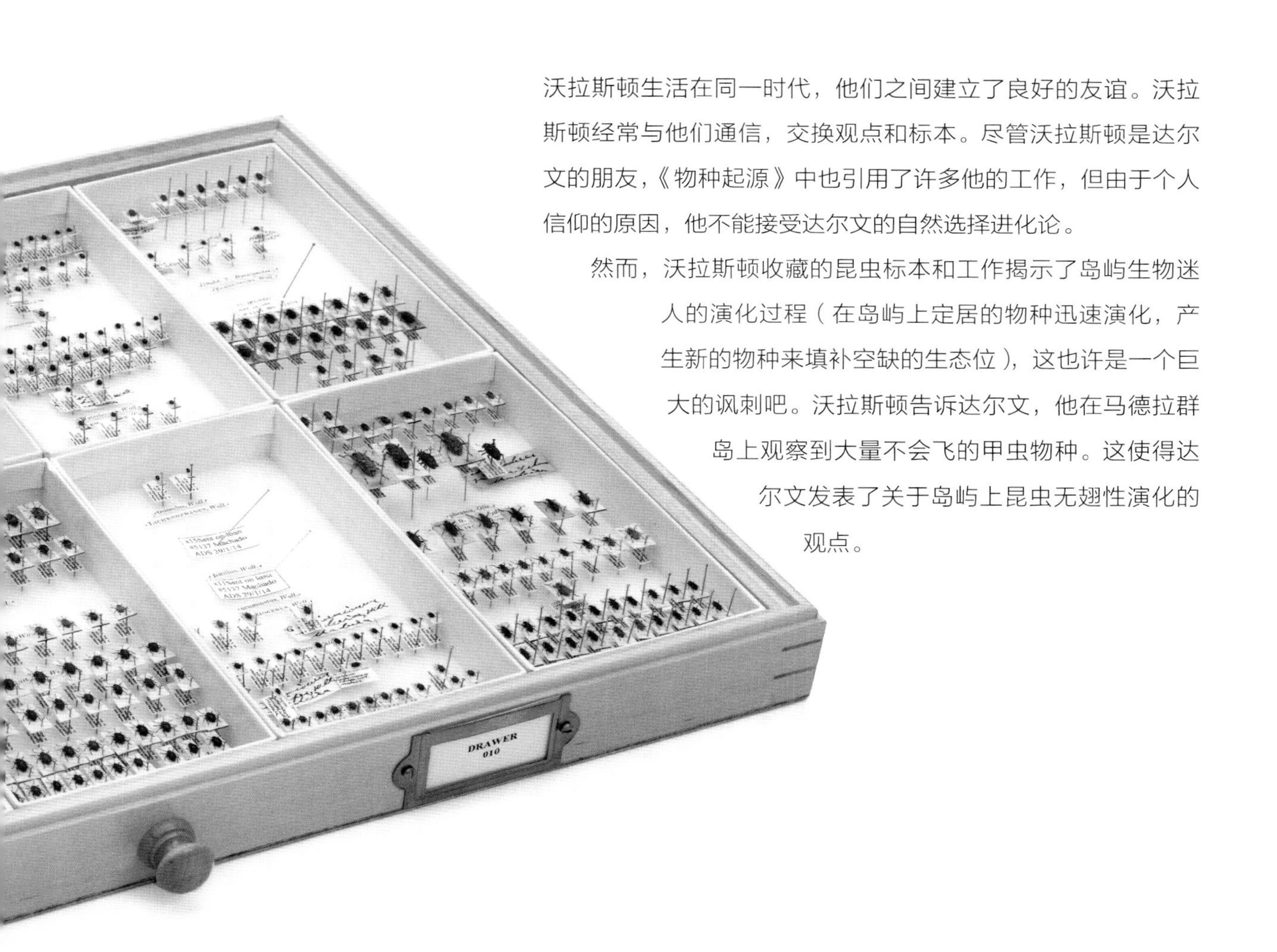

充气蠋

充气是一种保持蠋（昆虫幼虫）标本鲜活而不皱缩的特殊方法。研究所用的备用蠋标本通常可以保存在酒精中，但这并不是最理想的方式，鉴定所需的特征经常会在这一过程中消失或变得模糊不清。然而，要想通过充气得到近乎完美的标本（正如这里所展示的这些），需要许多技巧和练习，这也可以说是一种失传的艺术。

用于给蠋充气的装置包括两个部分：一条长玻璃管和一个玻璃长颈瓶，它们被水平放置在平台上，并用小酒精灯加热。

制作标本时，首先在蠋的背面切一个小口，然后从头部开始，像挤牙膏一样逐渐挤出其内脏。随后，将玻璃管插入背部的切口，并将表皮系在一起封住开口。操作者非常小心地通过玻璃管向内吹气，像吹气球一样将表皮吹起来。

再将标本放在长颈瓶中被加热的空气里，使表皮风干，在这个过程中要一直保持足够的压力，确保蠋维持正常的大小。一旦干燥完毕，就将蠋的表皮粘在长的金属丝或木条上，再连在插针上。有时候，失去内部器官和液体使得活体上一些原本鲜艳的色彩也消失了。故而有些收集者会花费大量的精力，用水彩在干燥的表皮上复原这些色彩。

Omnium 46
Insectorum
Blown larvae
T. A. Chapman

显微摄影术记录的昆虫

众所周知，由于昆虫体型很小，对它们进行拍摄是十分困难的。在约100万个昆虫物种中，大多数物种的体长都在5毫米以下。它们还具有各种各样的形态特征，包括角、尖刺、结节、毛发和凹陷，以及更多复杂的立体结构，这些都增加了成像时的复杂性。然而，随着照片成为收藏和研究工作不可或缺的一部分，对高质量图像的需求不断增加。它们为博物馆工作人员提供了标本状况的宝贵记录，然后工作人员将这些图像提供给研究人员，用于形态学研究。后一种用途对于历史性的模式标本尤其重要，因为许多此类标本都非常脆弱，无法安全邮寄。对于那些不能前往牛津大学亲自观察标本的研究人员来说，高质量的图像可以作为一种有效的替代品。

对页和次页所展示的图像是通过相机连接显微镜拍摄的。首先在许多不同焦平面上对标本拍摄多张图片，然后用专业软件对所得到的图像进行处理，将不同图片的清晰部分拼接成一张合成图片，最终得到一张从触角尖端到爪尖末端都能清晰对焦的图片。

这些图像不仅是工作人员和研究人员的宝贵资源，而且本身非常漂亮，可以展示每个物种体表精美的细节、艳丽的色彩和微细的纹饰。这些赏心悦目的图片已不仅是物种分类的记录，本身就是一件件独立的艺术品。

从昆虫学到人类学

博物馆会保留那些并非为任何特定类别所需而采集的藏品，因为永远不知道什么时候研究会关注某个类别或分类群体。这些标本可能要过许多年才会派上用场，但精心保管可确保在需要时能够找到它们。

其中一个例子就是丹尼虱类系列藏品。1871年，原收藏者利兹大学的亨利·丹尼去世之后，这些标本来到了博物馆。

丹尼是利兹哲学社会博物馆的首任馆长，也是所有种类动物标本的狂热收集者，尤其喜爱虱子。在毕生工作经历之中，他逐渐成为虱目的研究权威。

虱子是无翅的小型昆虫，寄生在鸟类和哺乳动物身上，在动物表皮上生活并吸食宿主的血液为

生，是重要的疾病携带者。人类的体虱可以携带伤寒杆菌和战壕热等传染病的病原体，感染体虱在战争时期更加普遍。

丹尼收藏的标本包括3 000多种虱子，还有文件档案。档案中有一本不完全且未发表的关于外国虱子物种的书，源自丹尼于1842年出版的书，其中记录了不列颠群岛的吸虱。档案中甚至包括用于印制插图的原始铜版，当时由丹尼自己手工绘制。丹尼藏品中的标本来自世界各地的研究人员，有查尔斯·达尔文在小猎犬号航行期间收集的虱子，还有来自非洲国家、澳大利亚和南美洲国家的数十种宿主物种，涵盖了从鸟类到海豹直到人类的范围。

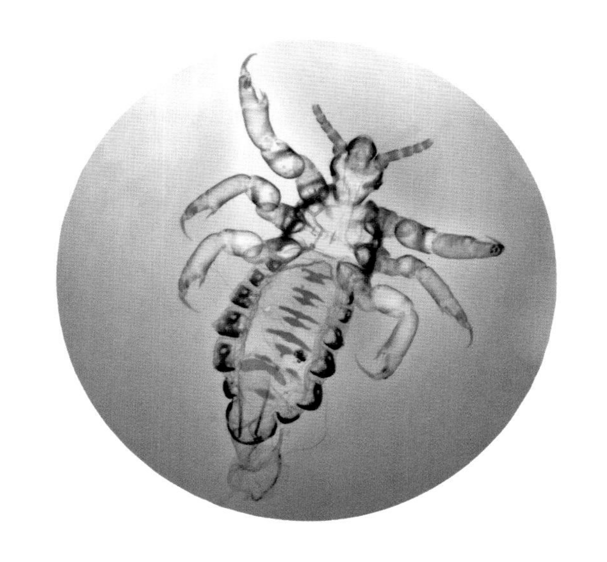

许多标本也来自灭绝的物种，如旅鸽和袋狼。由于虱子常常偏爱特殊的宿主，通常是一个特定物种，因此宿主的灭绝意味着寄生在它们身上的虱子也一同灭绝。博物馆藏有的标本是这些物种曾经存在的最后一些证据。

新开发的科学技术可用于了解当前纠结复杂的虱子进化历史，这一认识也可能会扩展到其他历史收藏品和生物群体。法医科学家可以对虱子标本肠道中最后的血粉残留物进行DNA测序，利用从寄主身上采集的昆虫学标本，为悬案的解决带来一线曙光。随着科学复杂程度的提高，研究的可能性也被拓宽了，这对于亨利·丹尼等收藏家来说是无法想象的。

帕芙兰的“红夫人”

“红夫人”由牛津大学地质学讲师威廉·巴克兰在1823年发现于威尔士高尔半岛的帕芙兰洞穴。这次发现包含一具人体的部分骨骼，用赭石（一种含有氧化铁的天然颜料）染成红色，还有一些赭石染色的猛犸象牙和骨质装饰品，包括一枚吊坠。这些独特的装饰物让巴克兰相信这是一具女性的骸骨，并称她为“红夫人”。残骸的姿态和埋在浅坑里的相关物品，让大家得出结论：这是一处墓穴。巴克兰认为这是一次非同寻常的发现。

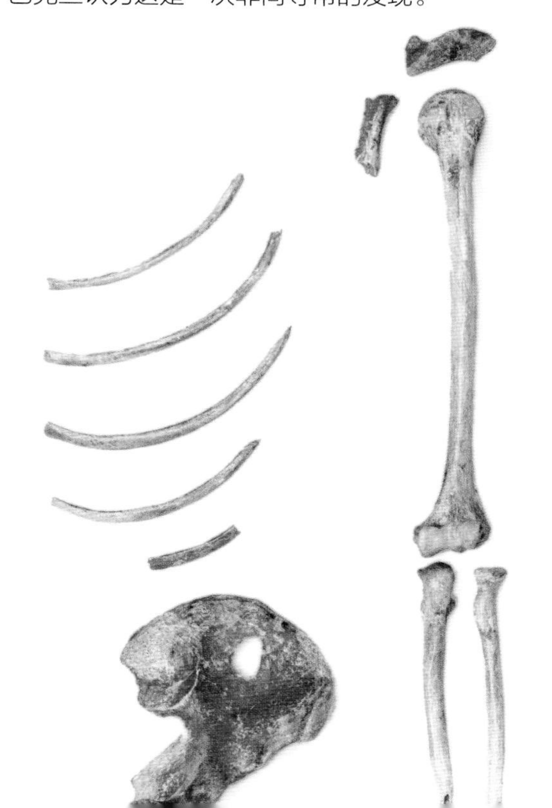

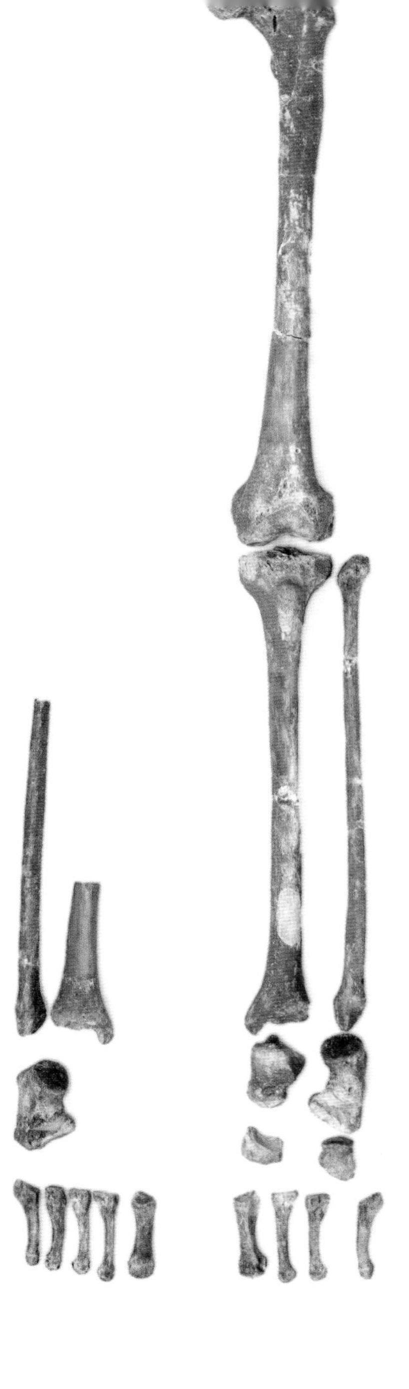

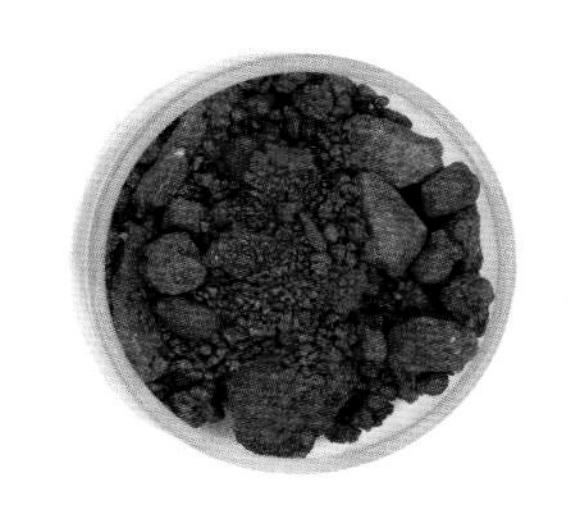

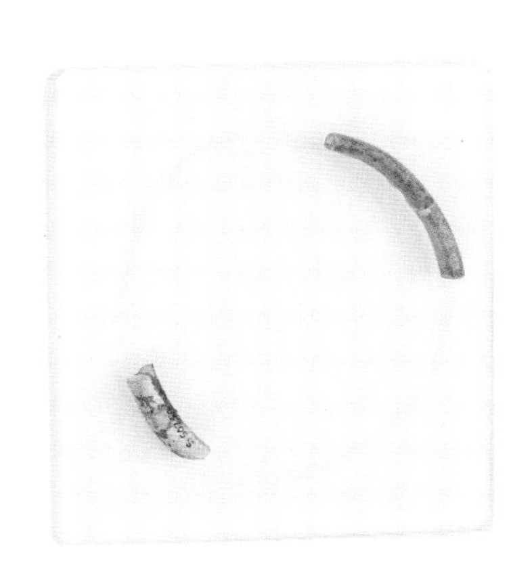

从“红夫人”发现之日起，有关她周围环境的信息不断被揭示。最重要的是，我们现在知道了“她”其实是男性。这具骸骨属于一个年轻男人，最近经放射性碳同位素测年显示大约有3.3万年历史。这使得他成为西欧目前已知最为古老的智人（即现代人），现在这已经成为英国旧石器时代最具标志性的发现。我们了解到，骸骨和手工制品上发现的赭石很可能来源于由此向东18英里处的曼布尔斯岬角上暴露的铁矿脉。这意味着颜料是刻意涂抹在死者骨骼上的，暗示尸体曾经存放许久并接受过处理。还有一种观点认为，颜料被涂抹在死者下葬前所穿的衣服上，后来随着衣服分解而转移到了骨骼上。

丧葬传统在人类文化中演变的具体细节依然不为人知，但“红夫人”为我们了解这一人类社会的基础特征提出了许多重要的问题。

破碎的头骨

有时候，博物馆中的标本会讲述一个非常私人的故事。最近，人类骨骼学研究人员凯瑟琳·科拉科夫卡博士对博物馆中人类残骸标本的研究工作就揭示了这样一个故事。

博物馆中保存着许多不公开展示的标本，也许其中最多的藏品类型之一就是人类残骸。与博物馆中许多其他陈旧标本一样，这些藏品的收集首先从基督教堂学院开始。在18世纪，马修·李博士开始收集标本，用于医学教学。临终前，他将一些标本和一笔资金捐赠给他的母校基督教堂学院，用于支持一位解剖学高级讲师的工作。后来，历任“李氏解剖学高级讲师”都继续为医学教学捐赠更多标本，其中最大的捐赠人是亨利·阿克兰。1850年建立大学博物馆的时候，阿克兰也带来了自己的解剖学和生理学标本，包括一些人体遗骸。

整个19世纪，大学的成员们经常将探险中带回的标本加入其中，使藏品不断得到丰富。到19世纪晚期，整个系列藏品已经有超过1 400件标本。

最近的研究项目发现了一些有趣的标本，比如一个18世纪牛津人的头颅顶部。这件标本大部分的额骨和顶骨缺

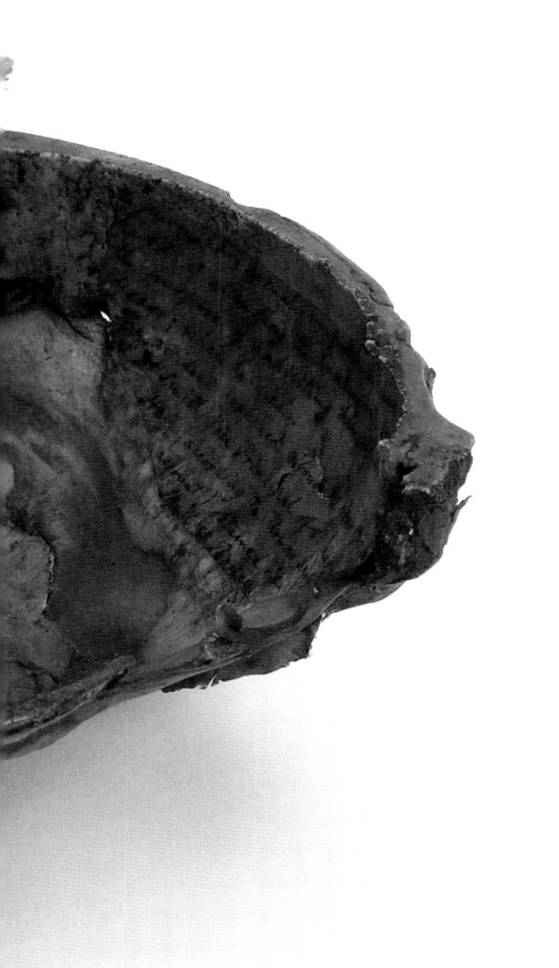

失，并且缺失部分的边缘光滑，暗示造成这部分骨骼缺失的外伤已经完全愈合。头颅内部的状态也为此提供了一些解释，附着在骨头表面的三个标签详细地讲述了头骨主人的故事：

> 这个头骨的主人当时正在清理牛津圣玛丽马格达伦教区的一口井，井壁的岩石突然崩塌，将他掩埋长达7个小时。他获救之后，查尔斯·诺斯爵士立刻对他进行了救治，治疗持续了3个月；在此期间，病人头顶的大块骨骼变得松动。由于骨骼松动（导致）的疼痛，病人要求诺斯爵士取掉松动的骨骼；但是诺斯拒绝了这一要求，认为这将是致命的。然而，病人自己坐在……前，自己用剃刀切掉了骨头。不久，另外一块骨骼也松动了，诺斯爵士花费了一年半的时间才让病人（痊愈？）……后来的4年时间里，这位病人踏上了一条非同寻常的道路，习惯于参加解剖课程并在课上展示自己。后来他去世了。事故发生在1760年左右，圣玛丽堂女校副校长史密斯博士（根据托马斯·纳普的说法）获得了头颅和其他骨骼。

面前这些静默的岩石标本
来自已经消失的火山岛或珠穆朗玛峰，甚至来自太空
见证了地球经历的岁月洗礼
让我们稍事休息，驻足片刻，聆听它们背后的故事——

途中小憩

地球的沉默记录者

消失的火山岛

在地中海的中央，西西里岛以西30千米处，一座偶尔会喷发的水下火山创造了一个小岛。其中一次喷发发生在1831年7月。当年8月1日，英国皇家海军军舰圣文森特号的船长H. F. 森豪斯发现了这次喷发创造的小岛，并以时任海军大臣的詹姆斯·格雷厄姆爵士之名为其命名，将这片未知的陆地称为格雷厄姆岛，宣示了英国对它的主权。然而，英国的竞争对手掀起了主权之争，波旁王朝以两西西里王国的斐迪南二世将其命名为斐迪南迪亚岛，法国则依据火山爆发于7月而将小岛称作朱利亚岛。

格雷厄姆岛最终达到了约60米的高度，周长近4千米。它位于一条重要的航海路线上，成为著名的旅游景点并引发了领土争端。小岛由火山碎屑、松散的玄武岩浆和火山灰堆积而成。松散的结构让它在海浪的冲刷面前十分脆弱。到了1831年12月，这个岛就完全消失在了海面以下，留下了悬而未决的领土主权争议。

许多关于这个岛的绘画尚存于世，但构成它的火山石的标本是稀有且无可替代的。查尔斯·G. B. 多布尼教授（1795—1867）收集的大量地质学标本中就有四份这样的标本。它们被存放在莫德林学院，到20世纪50年代又转移到本博物馆中。在1848年出版的《活火山和死火山概述》第二版中，多布尼对这个小岛进行了描述，并援引了约翰·戴维博士提交给英国皇家学会的报告。约翰·戴维博士曾于1831年8月前往格雷厄姆岛，他很有可能是这些馆藏标本的采集者。

其中三份标本是火山岩浆样品，还有一份火山沙。借助这些标本，科学家得以探究通常只发生在水下的火山活动。

康沃尔的毛赤铜矿

博物馆中最动人的矿物藏品来自英国皇家学会会员理查德·西蒙斯博士。他是一位19世纪典型的悠闲绅士，曾接受医学教育，但年纪轻轻就继承了父亲的财产（其父是疯王乔治三世的医生），可以享受退休生活了。于是，西蒙斯将剩余的时光都投入了收集矿物和精美艺术品之中。

理查德·西蒙斯收集的矿物中有许多来自英国各地的矿场和采石场。鉴于英国当时的采矿业已经无法与工业革命时的高峰期相提并论，这些矿场和采石场多数已经关门，使研究人员和收藏家都难以接近。这令他收藏的标本更具特殊的科学价值，其中许多是当今十分稀有的。

其中之一是一块来自康沃尔郡卡尔斯托克的甘尼斯莱克的精美毛赤铜矿石。毛赤铜矿是铜矿的变种，拥有毛发状的细长晶体，明显异于铜矿典型的立方体、八面体或十二面体晶体。它形成于铜矿床的氧化区，而康沃尔在19世纪晚期是世界重要的铜矿产地之一。据悉，这块标本是该地区所产毛赤铜矿石中最好的一块。

1846年，理查德·西蒙斯将这些迷人又具有重要科学价值的矿物标本遗赠给了牛津大学。如今，它是博物馆最为精美和贵重的矿物标本之一。

韦杰的岩石标本

博物馆所藏最重要的岩石标本之一是劳伦斯·里卡德·韦杰（1904—1965）所捐赠的。他是牛津大学地质学教授、登山家和探险家，也是当时最伟大的地质学思想家之一。

韦杰最为人熟知的是他在格陵兰岛的斯卡尔加德地区的工作。1930年，他在吉诺沃特金斯的英国北极航线探险期间发现了斯卡尔加德侵入。这是一种层状火成岩。当岩浆凝固形成岩石时，就会形成岩石侵入。1939年发表在《格陵兰公告》杂志上的论文对这种侵入进行了描述。这是第一份对成层基础侵入的详细研究，立即成了岩石学研究中的重要工作。随后，这一发现带来了岩石学研究中的一些其他重要发展。

韦杰的著名事迹还有他在1933年攀登珠穆朗玛峰的尝试，这次他带回许多岩石学和矿物学标本。当年5月29日，他与P.温·哈里斯一起成功抵达海拔28 100英尺（约8 565米）的高度，距离登顶只有不到1 000英尺（约305米）。博物馆收藏了韦杰在这次探险中收集的244块岩石。此处图示中的标本为“标本124号，灰色变质石灰岩，来自第一台阶，高度为27 890英尺（大约8 500米）”，约3厘米宽。这种岩石构成了峰顶周围的大部分山体。

韦杰的藏品还包括大量的论文和照片档案，数百幅照片记录了他在斯卡尔加德和珠峰等地的许多探险经历，使其在科学和历史上都具有重要意义。

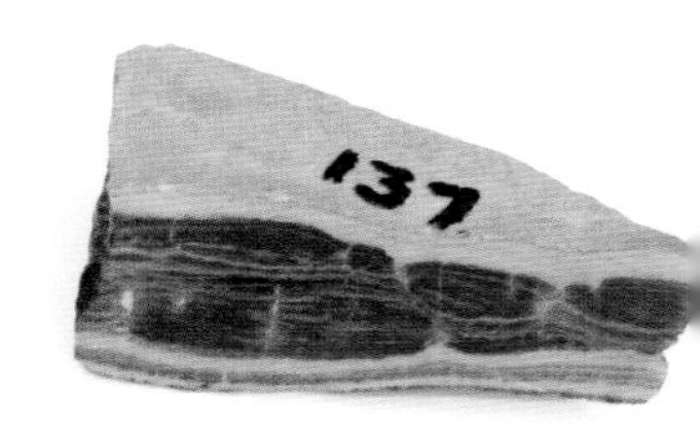

MOUNT EVEREST EXPEDITION
1933
GOGGLES
MADE BY
THEODORE HAMBLIN, LTD.
DISPENSING OPTICIANS
15, WIGMORE STREET, LOND

玛丽·莫兰的矿石

玛丽·莫兰（1797—1857）即玛丽·巴克兰，是牛津大学教授、地质学高级讲师威廉·巴克兰的妻子，也是一位能干的科学家、艺术家和自然历史标本收藏家。她参与发表了大量非常重要的科学著作，尽管这些大多归功于她的丈夫。其中包括她为首个进行科学描述的恐龙——斑龙的残骸绘制的图示。博物馆收藏了许多此类作品，但其中一套藏品经历过一些特殊的挑战。

玛丽·莫兰的矿石藏品包括大约700个经典的英国和欧洲矿物手持标本，尺寸适用于肉眼观察研究，是当时非常典型的收藏品。伯温·伊斯特伍德博士从当地一家古董商处购得这些标本。1997年，他的儿子约翰·伊斯特伍德博士和罗伯特·伊斯特伍德博士将这些标本赠予博物馆。

这些标本在此之前的出处有一个有趣的故事。大约在第二次世界大战期间，这批标本被洛斯托夫特的一位古董商收购，随后传给了他的侄子。当时，这些标本被存放在商店地下室的一个柜子里。1953年洛斯托夫特城在风暴潮中被海水淹没时，只有最顶层抽屉中的标本幸免于难。被海水淹没的短暂经历，致使标本的状态十分糟糕。

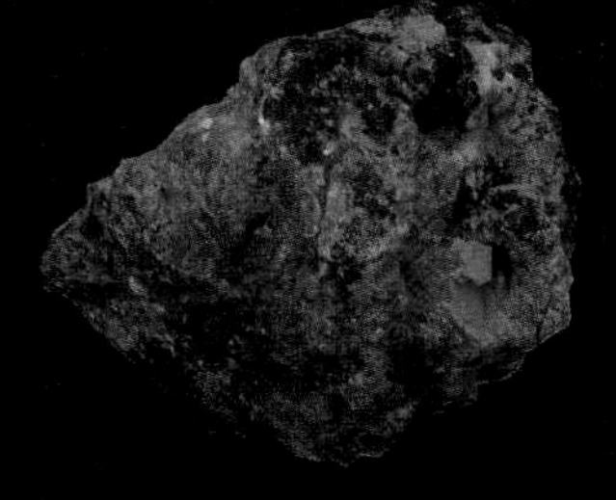

标本早期的历史记录在两本随附的书中，这两本书当时一定也保存在顶层抽屉中。约翰·基德所著的《矿物学概述》（1809）中有矿物收藏家克里斯托弗·佩格爵士（1801—1822年牛津大学

的雷格斯医学教授）的藏书票。我们相信，这些标本的收集者应当是玛丽，因为她幼年曾长期生活在佩格家中。在书中，玛丽的长子弗兰克·巴克兰写道，这些书册一直保存在巴克兰绘画室里存放矿物标本的橱柜中，一开始在基督教堂学院，后来在位于威斯敏斯特的府邸中。

另外，伦敦交易商詹姆斯·坦南特曾在1871年制作过一份藏品的目录，就隔行书写在一本威廉·菲利普斯所著的《矿物学基础介绍》（1837）中。其中记载了这些标本曾属于“莫兰小姐，她后来嫁给了巴克兰院长”。

除了来源问题之外，玛丽·莫兰的矿石藏品的冒险经历还带来了其他问题：被洪水淹没导致大多数标本的编号丢失了。尽管坦南特的目录中记录了许多标本，但很显然有不少其他标本丢失了。还有一小部分标本貌似是坦南特后来添加进去的，这让情况变得更加复杂了。

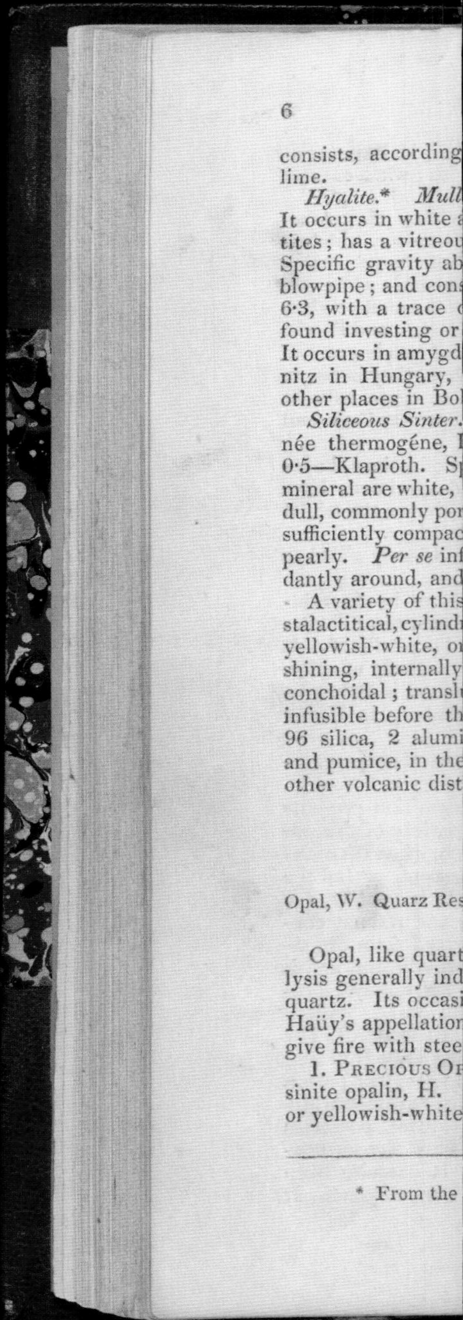
6

consists, according
lime.

*Hyalite.** *Mull*
It occurs in white a
tites; has a vitreou
Specific gravity ab
blowpipe; and cons
6·3, with a trace c
found investing or
It occurs in amygd
nitz in Hungary,
other places in Bo

Siliceous Sinter.
née thermogéne, I
0·5—Klaproth. Sp
mineral are white,
dull, commonly por
sufficiently compac
pearly. *Per se* inf
dantly around, and

A variety of this
stalactitical, cylindr
yellowish-white, or
shining, internally
conchoidal; transl
infusible before th
96 silica, 2 alumi
and pumice, in the
other volcanic dist

Opal, W. Quarz Res

Opal, like quart
lysis generally ind
quartz. Its occasi
Haüy's appellation
give fire with stee

1. Precious Op
sinite opalin, H.
or yellowish-white

* From the

uquelin, of 98 silica, and 2 carbonate of

lass. Quarz hyalin concretionné, H.
nsparent botryoidal masses, or in stalac-
e, is brittle, but is as hard as quartz.
4. It is infusible by itself before the
ccording to Bucholz, of silica 92, water
hina. This singular mineral is chiefly
the cavities of trap or basaltic rocks.
ear Frankfort-on-the-Maine, at Schem-
nbedded in clinkstone at Waltsch and

elsinter, W. Quarz agathe concretion-
onsists of silica 98·0, alumina 1·5, iron
about 1·8. The common colours of this
h-white, and yellow. It is light, brittle,
th a fibrous texture, although sometimes
dmit of a conchoidal fracture; lustre
before the blowpipe. It occurs abun-
posited by, the hot springs of Iceland.
Pearl sinter or *Fiorite*, which occurs in
otryoidal, and globular masses, of a white,
sh colour; externally it is smooth and
ning with a pearly lustre; fracture flat
n the edges; not so hard as quartz; and
wpipe without addition. It consists of
nd 2 lime. It occurs in volcanic tufa
tine; the Florentine dominions; and in
f Italy.

OPAL.

H. Silex Opale, Bt. Uncleavable Quartz, M.
Sp. Gr. 2·09.
sists chiefly of silica and water; but ana-
a greater quantity of the latter than in
esinous lustre is probably the origin of
he of its varieties are sufficiently hard to

NOBLE OPAL. Edler opal, W. Quarz re-
beautiful mineral is of a white, bluish,
r, and when viewed by transmitted light

in allusion to its glassy appearance.

69. Amethyst, a detached hexagonal pyramid
Minas Geraes, Brazil.
70. Do with polished planes,
same locality
71 Do hexagonal pyramid,
Co. Cork, Ireland.
72. Do hexagonal prism, with the
pyramid in alternate large and small
planes, Minas Geraes, Brazil.
73. Do on massive quartz,
near Redruth, Cornwall.
74. Do with rounded pyramids,
Porcura, Transylvania.
75. Do as a vein between bands of Agate
Oberstein.
76. Do in successive superimposed bands
of crystals each coated with white quartz
Schemnitz, Hungary.
77. Do polished stones
78. Do facetted stones
79. Do a fragment exhibiting the rippled
fracture considered to be peculiar to this
variety, Minas Geraes, Brazil.
80. Yellow Quartz or Citrine of the jewellers
Minas Geraes, Brazil.
81. Do a darker variety,
same locality.
82. Do in fragments somewhat milky, and
exhibiting the rippled fracture of
amethyst, same locality.
83. Do facetted stone.

太空来客

陨石是地球上存在的少数天外来物之一。实际上，它们是来自外太空的彗星或小行星等天体的石头，偶然间落在了地球上。若要落在地球上被人类发现，它们需要在与地球大气层的剧烈摩擦及与地面的强烈撞击中幸存。作为一种较为稀少的地质学发现，许多陨石都被保存在世界各地的博物馆中。牛津大学自然史博物馆也拥有数量不多但令人赞叹的陨石“掉落”与“发现”藏品，这一分类是根据它们是在掉落时被观察到还是在落地后才被发现而定的。

克拉斯诺亚尔斯克陨石也称“橄榄陨铁”，是首个被科学界接受的“太空来客”。它掉落的日期已无从考证，但1772年德国博物学家彼得·帕拉斯曾在西伯利亚记录下它。它体积巨大，重达700千克。人们根据它独特的外表判断它来自外太空，因为它大到不可能被搬运，又与周围的任何岩石类型都不相同。尽管这种观点得到当时世俗的普遍接受，但从未被证实。博物馆有一块从这颗陨石上取下的样品，重量为1.7千克。关于博物馆是如何得到这块样品的已经无人知晓，估计很有可能来自理查德·西蒙斯系列藏品。

克拉斯诺亚尔斯克陨石来自火星与木星之间的小行星带，其中有大量的行星残骸围绕着太阳运转。小行星带与地球源自同一团原始物质，大约形成于45亿年前，与地球同龄。这类陨石能够帮助我们了解地球深处的物质构成和地球的早期历史。

1911年6月28日，奈赫勒陨石掉落在埃及阿布侯穆斯区的奈赫勒村。它包含一些形成于水中的物质，其同位素构成显示它来自太阳系的另一个天体——火星。它属于一组被称为“透辉橄无球粒陨石”的火星陨石，拥有一层黑色的熔壳。这是典型的陨石特征，是在穿越地球大气层时与大气层摩擦产生的热量融化了陨石表面而形成的。这块重量只有52克的奈赫勒陨石是由埃及政府赠送给博物馆的，和其他一些陨石一起成为牛津大学本科生的教学材料。

休息好了吗?
继续我们的寻宝之旅吧——

第二段旅途

博物学家的逸闻与足迹

达尔文的信件和画像

昆虫学大咖的放大镜和捕虫网

珍贵的自然图册、画作和模型

共同讲述关于博物学家的迷人故事

韦斯特伍德的办公室

约翰·奥巴代亚·韦斯特伍德最为人熟知的是他在昆虫学方面的科学贡献。尽管接受了法律专业的教育，但是韦斯特伍德依然放弃了这一专业，转而追求他热爱的自然科学和考古学。他在1833年伦敦昆虫学会的成立过程中扮演了重要的角色，并与当时许多最为著名的博物学家取得了联系。通过这些关系网络，他见到了尊敬的弗雷德里克·霍普——一位业余的昆虫学家和富有的科学研究赞助者。韦斯特伍德对霍普所收集的大量昆虫标本展开了广泛的研究，并监督了1849年霍普将其独一无二的藏品捐赠给牛津大学的过程。伴随着这一捐赠过程，大学设立了霍普动物学教授职位，而韦斯特伍德接受了这一任命，并从伦敦搬到牛津，定居在距离博物馆不远的伍德斯托克街。新建的博物馆存放着霍普收藏的那些令人难忘的书籍、文档和昆虫标本。

除了精通昆虫学，韦斯特伍德还拥有极高的艺术天赋。他发表了题材广泛的绘画作品，包括早期的文明和宗教题材，但给他带来主要委托工作的还是他对昆虫精准且比例完美的描绘。19世纪时，在昆虫学中使用精确的科学图解还是全新的尝试，这种方法在各种出版物中的应用逐渐普及，让无法亲眼观察昆虫标本的人也能了解详细的特征。韦斯特伍德为许多昆虫学家

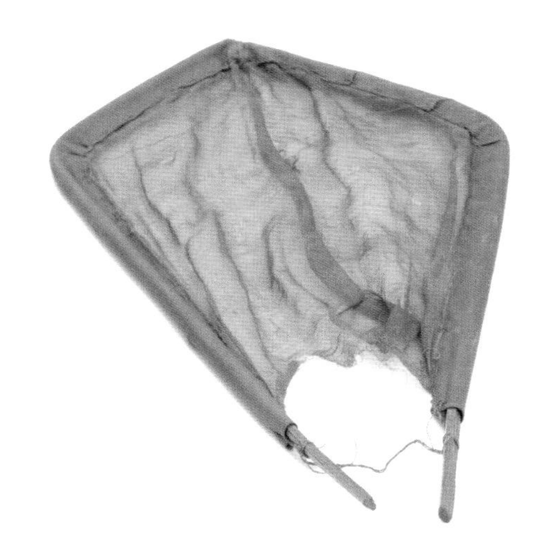

绘制了插图，其中大部分人对细节和精准度的把握都无法与他相媲美。他还为自己所有出版的书籍绘制了插图，其中就有他最著名的作品《现代昆虫分类入门》（1839）和《英国的蝴蝶》（1855）。

博物馆除了收藏韦斯特伍德的大量文献、绘画和昆虫标本以外，还藏有他的一些个人物品，比如他在工作和教学中使用的工具。其中最有趣的当属他的捕虫网，很有可能是用来展示捕捉昆虫的方式而非真正在野外使用的（野外使用的捕虫网要比这大得多，用于捕捉飞行中的昆虫）。藏品中还有韦斯特伍德的眼镜、标本插针和工具、放大镜，甚至包括他的一双鞋。

多萝西·克劳福特·霍奇金

英国历史上，有100多位男性获得了诺贝尔奖，但只有一位女性曾获此殊荣：多萝西·克劳福特·霍奇金(1910—1994)。多萝西于1910年在开罗出生，大部分早年时光在非洲度过，与她从事学术研究的父亲（一位教育家和考古学家）和她的母亲（也是一位考古学家）一起在苏丹地区生活。尽管她想过从事考古学研究，却很早就喜欢上了化学。她是文法学校中仅有的两位被允许学习化学的女生之一。长大后，她进入牛津大学继续学习化学，随后在剑桥大学获得博士学位。1934年，她又回到牛津，在萨默维尔学院从事晶体学研究。

晶体学是通过实验研究高度规则的微观结构（晶体）中原子分布的学科。霍奇金专门从事X射线晶体学的研究，通过测量晶体中衍射光束的角度和强度来推测晶体的三维结构。霍奇金被认为发展了利用X射线测定具有生物学意义的重要分子结构的技术，因此获得了1964年的诺贝尔奖。这些分子包括胆固醇碘化物、青霉素和维生素B_{12}。

当霍奇金在牛津大学工作时，化学系的一部分尚位于博物馆中。1860年博物馆建立的时候，大学中所有的科学院系都位于这里。随着学科发展壮大，各学科对空间和特殊设备的需求增加，它们逐渐搬迁出去。化学系留在博物馆中多年，并在1878年进行了扩建，这很有可能是因为它是少数拥有专门建设的实验室

（阿博特厨房）的学科之一。霍奇金在博物馆的晶体化学实验室中工作，该实验室现在已经成为存放藏品的仓库。这张半身像由安东尼·斯通斯于2010年塑造，并于2016年进行了重塑，现在放置在博物馆庭院东侧的一个基座之上。

尼古拉斯·廷伯根

获得诺贝尔奖是世界上最荣耀的事情之一，多年来有许多牛津科学家达成了这一成就。1973年的诺贝尔生理学或医学奖授予了尼古拉斯·廷伯根（1907—1988）、康拉德·洛伦茨和卡尔·冯·弗利施，表彰他们对个人和社会行为模式的组织与诱导的研究。这项工作着眼于动物如何使用遗传编码的行为模式对各种刺激做出反应，以及这些反应的进化起源及发展。该研究对于许多后来的发现至关重要，特别是在精神病医学领域，包括对强迫症、刻板行为和紧张性姿势的研究，在了解行为的生理基础方面做出了重要突破。

廷伯根经常说，他很幸运能够从事自己所热爱的事业——动物观察。在毕生的动物行为研究工作之中，他总结出研究中的四个关键问题，从更广泛的意义上来说也是整个生物界中的关键问题。第一是原因，或者说是什么样的刺激导致了特定反应，以及学习如何影响了这种反应。第二是发展，也就是说观察这些行为随着年龄增长而出现的变化。第三是行为的功能，它是否对生物的生存和繁殖产生益处？最后，他通过与相似且亲缘关系密切的物种的行为相比较，从进化的角度看待行为以及产生这种适应的可能机制。

1990年，廷伯根的家人将他的诺贝尔奖章与其他奖章一起赠予博物馆。当年，博物馆举办了临时展览以展示他的工作，并召开了关于他的工作和生活的纪念会议。时至今日，他的研究和发现依然对生物学的发展具有持续且巨大的影响。

幻想的四足野兽

博物馆藏书中最古老的图书之一是爱德华·托普塞（约1572—1625）的《四足动物及蛇类志》。托普塞是一名热爱自然的英国牧师，不幸未能远离书桌，相比之下他在宗教和道德方面的作品更为同时期的人所熟悉。然而，他最著名的事迹是编撰了在英国用英语出版的第一本自然史书籍——不考虑其科学准确性的话。

《四足动物及蛇类志》是一本百科全书，列举并图示了当时“已知”的所有野兽和生物。书中包括许多世上常见的动物，很多当时的英国人都能一眼认出，例如：猫、马和刺猬等。除此以外，书中还描绘了许多在全欧洲少有人见过的异域动物，比如：大象、犀牛、狮子和变色龙等。然而，托普塞的书中最为惊人和罕见的描述当属那些神话中的动物。独角兽就是托普塞描绘的幻想动物之一，仿佛一匹长着独特的、独角鲸一样的角的马。我们可能都听说过，如果将独角兽的角磨成粉放入水里就可解百毒。人头狮身蝎尾兽则是另一种知名度较低的怪兽，据说长着人的脑袋、三排鲨鱼的尖牙、狮子的身体和蝎子的尾巴，它会用尾巴来麻痹猎物，然后一口吞下。

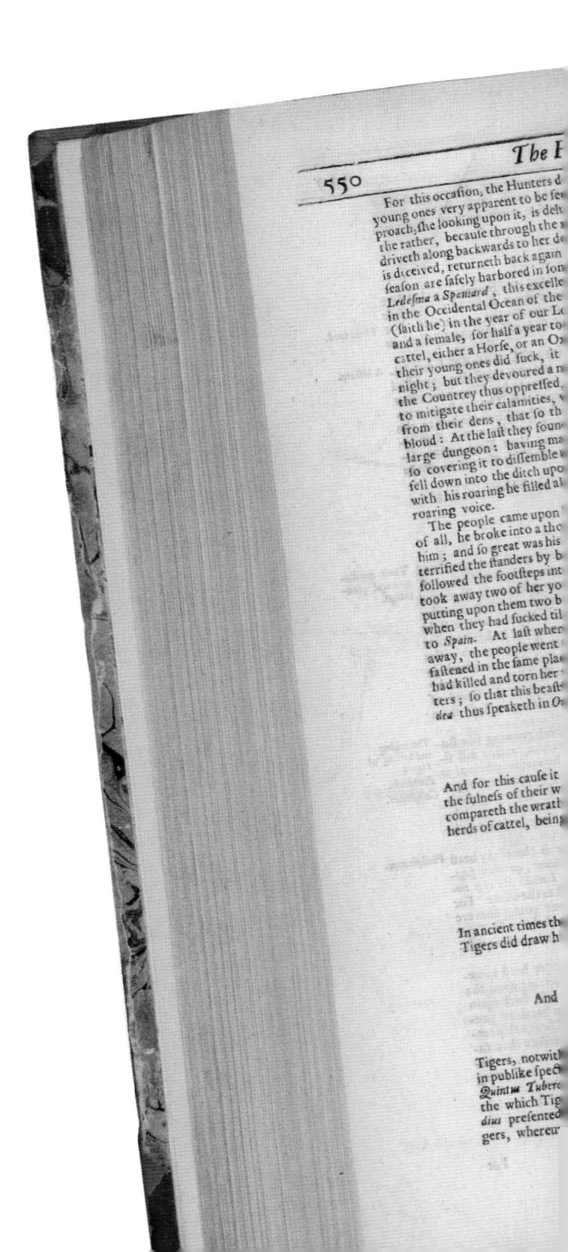

550 *The H*

For this occasion, the Hunters d
young ones very apparent to be fe
proach, she looking upon it, is del
the rather, because through the
driveth along backwards to her d
is deceived, returneth back again
season are safely harbored in so
Ledesma a Spaniard, this excelle
in the Occidental Ocean of the
(saith he) in the year of our L
and a female, for half a year to
cattel, either a Horse, or an O
their young ones did suck, it
night; but they devoured a n
the Countrey thus oppressed,
to mitigate their calamities,
from their dens, that so th
bloud: At the last they foun
large dungeon: having ma
so covering it to dissemble
fell down into the ditch upo
with his roaring he filled a
roaring voice.
The people came upon
of all, he broke into a th
him; and so great was his
terrified the standers by b
followed the footsteps int
took away two of her yo
putting upon them two b
when they had sucked til
to *Spain*. At last when
away, the people went
fastened in the same pla
had killed and torn her
ters; so that this beast
dea thus speaketh in *O*

And for this cause it
the fulness of their w
compareth the wrath
herds of cattel, bein

In ancient times th
Tigers did draw h

And

Tigers, notwit
in publike spe
Quintus Tuber
the which Tig
dius presented
gers, whereu

n round ſphears of glaſs,wherein they picture their
one of theſe they caſt down before her at her ap-
ceth that her young ones are incloſed therein, and
reof it is apt to rowl and ſtir at every touch, this ſhe
reaketh it with her feet & nails and ſo ſeeing ſhe that
ters for her true Whelps; whileſt they in the mean
ſe gone on ſome ſhipboard. It is reported by Johannes
nale and female Tiger. In the Iſland Dariene, ſtanding
World, ſome eight days ſail from Hiſpaniola, it fell out
t the ſaid Iſland was annoyed with two Tigers, a male
at there was no night free, but they loſt ſome of their
r a Mare, or a Hog, and Swine, and in the time that
for men to go abroad in the day time, much leſs in the
id not firſt of all meet with another beaſt: At length
ſtrained them to deviſe a remedy, and to try ſome means
y ſought out all the ways and paths of the Tigers to and
vengeance upon the raveners for the loſs of ſo much
eaten way, this they cut aſunder and digged deep into a
on, they ſtrewed upon the top of it little ſticks and leaves,
s underneath, then came the heedleſs Tiger that way, and
ron ſtakes, and pointed inſtruments as they had there ſet,
ereabout, and the Mountain ſounded with the eccho of his

ing great and huge ſtones upon his back killed him, but firſt
both the ſtones, Weapons,and Spears,that were caſt againſt
en he was half dead, and the bloud run out of his body, he
looking upon him. The male Tiger being thus killed, they
ins where the female was lodged, and there in her abſence
afterward changing their mindes,carryed them back again,
and chains, and making them faſt in the ſame den, that ſo
eater, they might be with pleaſure and ſafety conveighed in-
ointed was come that they ſhould be taken forth to be ſent
herein they found neither young nor old, but their collers
d left them,whereby it was conceived that the envious mother
pieces, rather then they ſhould fall into the hands of the hun-
s, ended in horrible cruelty, and for this occaſion is it that Me-

atiar, tum me de Tigride natam,
& ſcopulos geſtare in cor de videbor.

ot without ſingular wit by the Poets, that ſuch perſons as ſatisfie
nity of revenge, are transformed into Tigers. The ſame Poet
nding betwixt two advantages unto a Tiger betwixt two preys or
ether of them to devour, in this manner;

uditis diverſa valle duorum,
a fame, mugitibus armentorum,
ro potius ruat, & ruere ardet utroq;
s Perſeus dextra lævave feratur.

re dedicated to Bacchus, as all ſpotted beaſts were, and that the ſaid
hileſt he did hold the rains; and therefore Ovid ſaith thus;

s in curru quem ſummum texerat uvis,
ribus adjunctis aurea lora dabat.

s manner;
e merentem Bacche pater tuæ
e Tigres indocili jugum collo trahentes.

r great mindes and untamable wildeneſs, have been taken, and brought
and the firſt of all that ever brought them to Rome, was Auguſtus, when
Maximus were Conſuls, at the dedication of the Theater of Marcellus;
unto him out of India, for preſents (as Dion writeth.) Afterwards Clau-
eople; and laſtly Heliogabalus cauſed his chariots to be drawn with Ti-
uded when he ſaid;

Picto

Picto quod juga delicata collo,
Pardus ſuſtinet, improbæq; Tigres,
Indulgent patientiam flagello.

Ledeſma of whom we ſpake before affirmeth, that he did eat of the Tigers fleſh that was taken in the ditch in the Iſland Dariene, and that the fleſh thereof was nothing inferior to the fleſh of an Ox, but the Indians are forbidden by the laws of their Countrey, to eat any part of the Tigers fleſh, except the hanches. And thus I will conclude this ſtory of the Tiger, with the Epigram that Martial made of a Tiger, devouring of a Lion.

Eating of Tigers.

Lambere ſecuri dextram & conſueta magiſtri,
Tibris ab Hyrcano gloria rara jugo,
Sæva ferum rabido laceravit dente Leonem:
Res nova, non ullis cognita temporibus.
Auſa eſt tale nihil ſylvis dum vixit in altis:
Poſtquam inter nos eſt, plus feritatis habet.

Of the UNICORN.

WE are now come to the hiſtory of a Beaſt, whereof divers people in every age of the world have made great queſtion, becauſe of the rare vertues thereof; therefore it behoveth us to uſe ſome diligence in comparing together the ſeveral teſtimonies that are ſpoken of this beaſt, for the better ſatisfaction of ſuch as are now alive, and clearing of the point for them that ſhall be born hereafter, whether there be a Unicorn; for that is the main queſtion to be reſolved.

Now the vertues of the horn, of which we will make a particular diſcourſe by it ſelf, have been the occaſion of this queſtion, and that which doth give the moſt evident teſtimony unto all men that have ever ſeen it or uſed it, hath bred all the contention; and if there had not been diſcloſed in it any extraordinary powers and vertues, we ſhould as eaſily believe that there was a Unicorn in the world, as we do believe there is an Elephant although not bred in Europe. To begin therefore with this diſcourſe, by the Unicorn we do underſtand a peculiar beaſt, which hath naturally but one horn, and that a very rich one, that groweth out of the middle of the forehead, for we have ſhewed in other parts of the hiſtory, that there are divers beaſts, that have but one horn, and namely ſome Oxen in India have but one horn, and ſome have three, and whole hoofs. Likewiſe the Bulls of Aonia, are ſaid to have whole hoofs and one horn, growing out of the middle of their fore-heads.

Many beaſts with horns, improperly called Unicorns.
Solinus.
Ælianus.
Oppianus.

Likewiſe in the City Zeila of Æthiopia, there are Kine of a purple colour, as Ludovicus Romanus writeth, which have but one horn growing out of their heads, and that turneth up towards their backs. Ceſar was of opinion that the Elk had but one horn, but we have ſhewed the contrary. It is ſaid that Pericles had a Ram with one horn, but that was bred by way of prodigy, and not naturally. Simeon Sethi writeth, that the Musk-cat hath alſo one horn growing out of the fore-head, but we have ſhewed already that no man is of that opinion beſide himſelf. Ælianus writeth, that there be Birds in Æthiopia having one horn on their fore-heads, and therefore are called Unicornes: and Albertus ſaith, there is a fiſh called Monoceros, and hath alſo one horn. Now our diſcourſe of the Unicorn is of none of theſe beaſts, for there is not any vertue attributed to their horns,

and

托普塞在这本书中的描述很大程度上直接来自用其他语言书写的作品，这在试图涵盖某一特定领域所有已知信息的早期英文作品中非常常见。需要特别指出的是，这本书的大部分内容来自瑞士博物学家康拉德·格斯纳编写并在瑞士出版的作品《动物

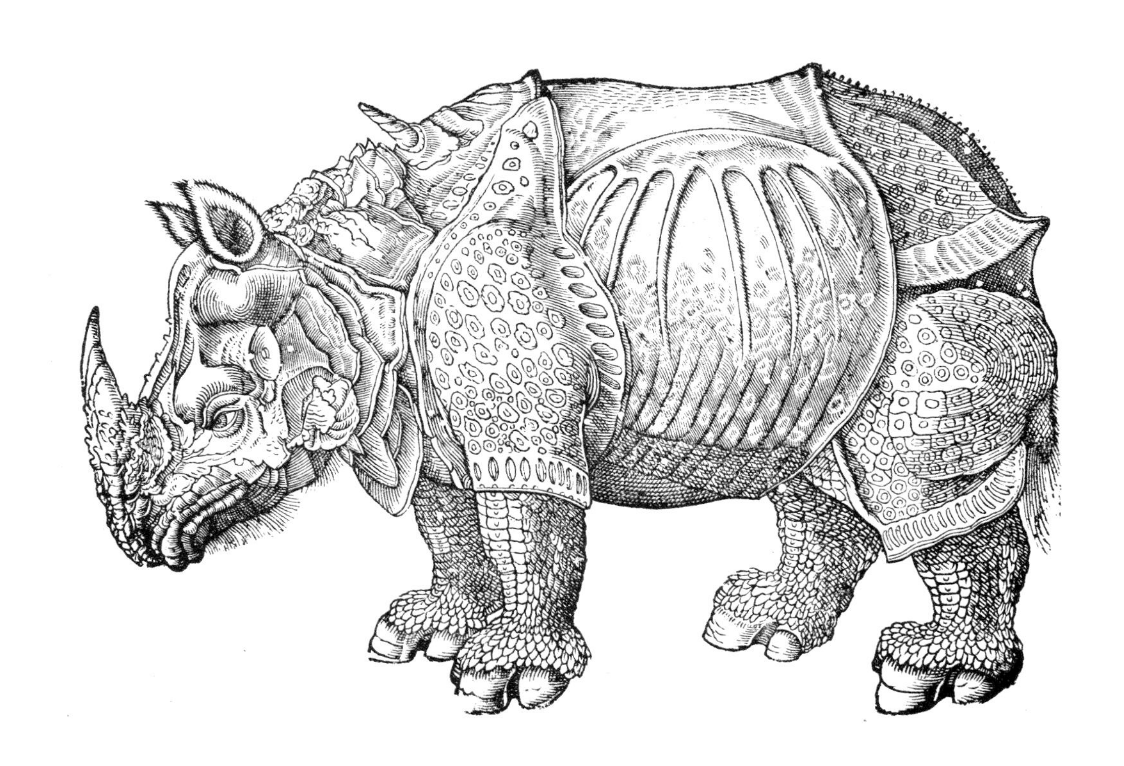

志》。托普塞这种毫无个人调查研究成分的百科全书撰写方式，会很快被更加科学的对自然的描述方式所取代。新的作品中将不会再有人头狮身蝎尾兽和独角兽。

Fabricius E.S. 150 Archippus

Alis repandis fulvis venis margineque albo punctato nigris: anticis apicis fulvis. —

habitat in America

Cram: P. 3 *Erippus*
206 *Plexippus*

《琼斯图谱》

乍一看,《琼斯图谱》与牛津大学书架上排列的其他上千册现代对开页图书没有什么不同。这六卷在250年历史中曾多次被重新装订的书册，看似普通，却是博物馆最为宝贵的藏品之一。实际上，这部原始手稿包含1 500幅美丽的蝴蝶与蛾类彩绘，虽然在历史上默默无闻，却是早期昆虫学研究最重要的文献之一。

切尔西的威廉·琼斯（约1745—1818）是一名富有的退休伦敦酒商。在18世纪末的30年中，完成这本彩绘图谱是他的休闲方式。琼斯与当时杰出的博物学家有密切的联系，他最亲近的朋友包括林奈学会创始人詹姆斯·爱德华·史密斯，因此他很容易就能接触到从殖民地采集来并出售给收藏家的大量鳞翅目昆虫标本。他只生活在伦敦，拜访收藏家，并以细节精巧的水粉画和墨水画记录令人印象深刻的蝴蝶和蛾类标本藏品。他一丝不苟地记

III

Fabricius N° 22 Remus Cramer Tab. 10

Alis dentatis subconcoloribus nigris, posticis utrinque maculis flavis marginalibus. —
habitat in Amboinâ

录每一位收藏家的藏品，而他对这些标本的描述成为英国最早期鳞翅目昆虫藏品的永久记录。

《琼斯图谱》对于分类学史或生物界的分类科学有着极其重要的意义。约翰·克里斯蒂安·法布里丘斯是林奈的学生，他根据老师确立的分类系统命名了1万多种昆虫。他听说了琼斯的手稿，于是返回家乡来欣赏这部令人钦佩的作品。在仔细查看了琼斯的画作之后，法布里丘斯发现了200多个尚未被科学界所知的物种，并根据林奈的分类系统对它们进行了命名。这在科学上并不常见，因为物种通常是根据标本而非绘图来命名的。这些稀有的物种辨识依据被称为图模标本。后来，法布里丘斯在1775年出版的《系统昆虫学》中发表了这些命名，使这些鉴定成为正式的科学名词。

关于这部非凡手稿的研究工作仍在继续，人们试图鉴别其中所描绘的所有蝴蝶和蛾类物种，确定这些物种是否尚存于世，确认它们是否可以作为图模标本，以及将它们与现在的物种名称对应起来。

神秘的琼斯先生

博物馆档案记录中最重要的宝藏之一，是由切尔西的威廉·琼斯创造的，他是藏品相关人物中最不为人知的了。虽然我们对绘制《琼斯图谱》的人所知甚少，但是这部精致的六卷本手稿描绘了18世纪末期英国最重要的一些蝴蝶和蛾类藏品，而且我们可以确定作者曾与伦敦当时颇有影响力的自然科学家合作，其中包括林奈学会的创始人詹姆斯·爱德华·史密斯爵士。

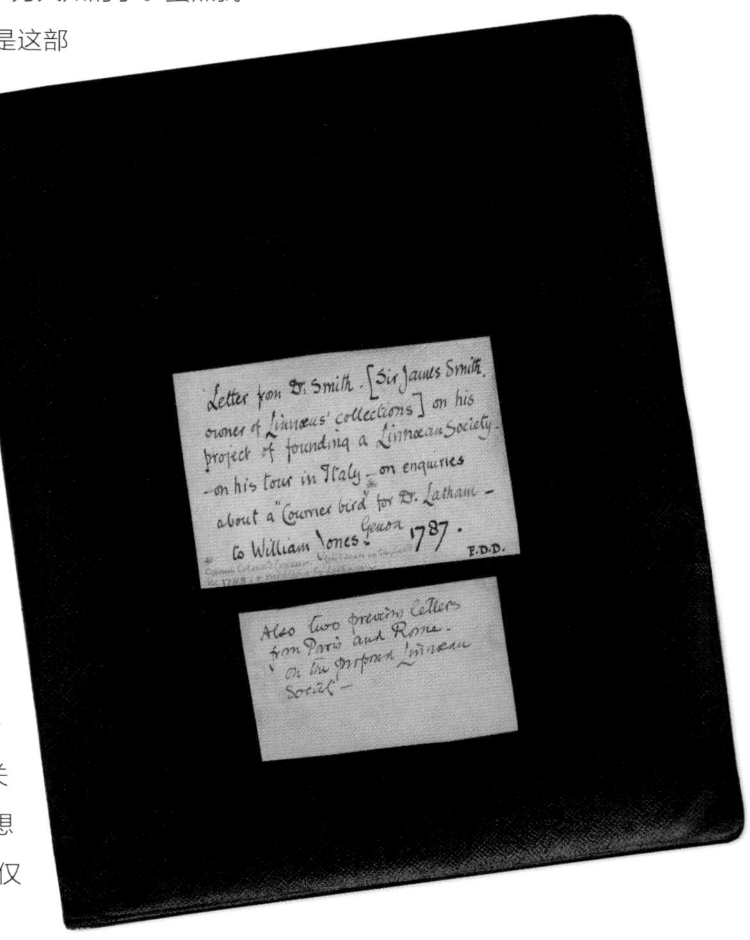

林奈学会成立于1788年，其名称源于创造双名法并用它系统地命名物种的卡尔·林奈。林奈学会的成立是为了促进和推动自然史研究，它是世界上现存最古老的自然史学会。

据我们所知，威廉·琼斯是林奈学会最早的成员之一，因为他的藏品档案中存有当时他会员身份的凭据。藏品中还有一封詹姆斯·史密斯给琼斯的信，信中讨论关于成立一个推动自然史研究的学术团体的想法。信件的日期标注为1787年7月7日，仅

Genoa July 7th 1787.

Dear Sir

Perhaps you may wonder at my not having sooner answered your last favor; perhaps too you may have done me the honor to be a little displeased, or jealous if you please, an honor I value more than you think; but the fact is I arrived at Milan 6 weeks later than I expected, & coming soon after to Genoa, I was attacked with a pleurisy, which although soon removed, made me unable to write much. I am now quite well, & in a weeks time shall go to Turin & from thence thro' Switzerland to Paris, where (by the bye) I shall rejoice to find a letter from you the end of Augt. chez Mons.r Broussonet No. 57 rüe des blancs manteaux. — Am glad I have satisfied you for the present about the Linn.n Society; so we need say no more about that matter till we meet, when you shall give your assistance to that project of mine in any manner or degree you please; at least I rely on your counsel. I have said I am proud to find myself capable of exciting your jealousy, & my reason for saying so is that I am no stranger to that feeling myself, but there are very few people that I honor with it. Indeed I rather wish never to feel it again, for it is in me connected with such a degree of esteem & affection as scarcely

仅在史密斯成立林奈学会几个月之前。很显然，琼斯是史密斯希望与之讨论这个想法的对象之一，史密斯也请他表达对于加入这个团体的兴趣。

尽管今天我们对琼斯知之甚少，但他与杰出科学家的联系让我们可以期待与之相关的新信息、档案记录甚至藏品的出现，以帮助我们了解这位非凡的早期鳞翅目昆虫学家。

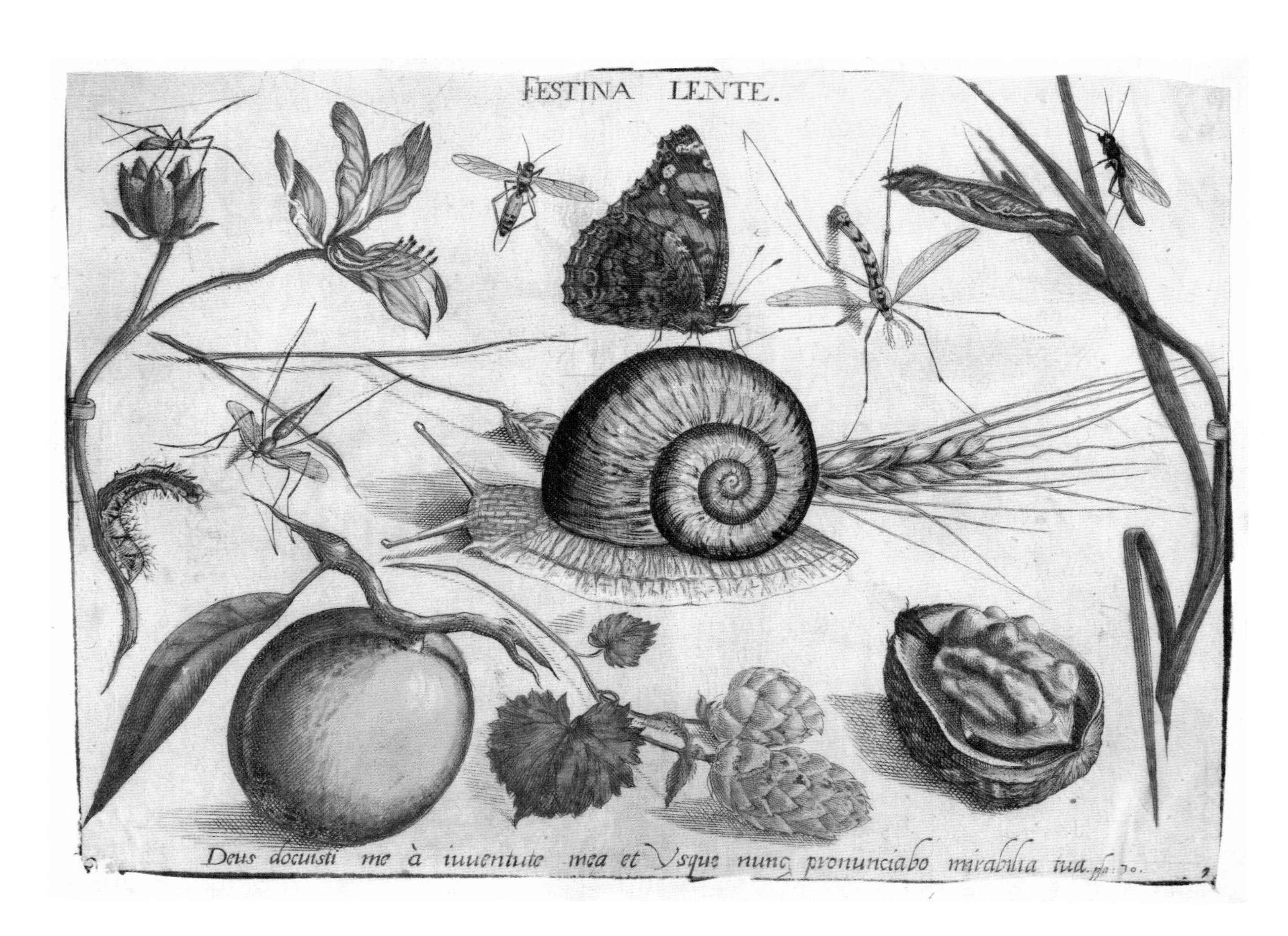
FESTINA LENTE.
Deus docuisti me à iuuentute mea et Vsque nunc pronunciabo mirabilia tua. psa: 70.

在静物绘画之前

《模型与兴趣之父乔治·赫夫纳格尔》是博物馆藏书中最为古老和精美的图书之一。该书由雅各布·赫夫纳格尔和其父约里斯·赫夫纳格尔于1592年在法兰克福出版，包括48幅美丽且详尽的植物、小动物和昆虫彩色版画。图画分为4部分，每个部分12幅画。版画由儿子雅各布根据其父亲——著名画家和细密画画家约里斯·赫夫纳格尔的作品制作，当时雅各布仅有19岁。该书原是一部宗教作品，意图表现上帝的造物计划及其对自然界的影响。这是一个当时十分常见的题材。

这本书的惊人之处在于它所绘内容的逼真程度。毫无疑问，这必然源自对标本的实际观察。虽然这种观察是当今艺术和科学绘画中常见的练习方式，但在16世纪十分难得。曾有观点认为，这本书中的绘画代表了荷兰画坛黄金时期静物绘画流派的发展基础。

除了内容之外，图书本身亦拥有有趣的历史。20世纪，这本书曾被重新装订，却很不幸地用了一种现代的装订方式，所有书页都被切下又重新装回。我们也知道了它的来源：由令人尊敬的弗雷德里克·威廉·霍普连同其他大量的昆虫学材料、文献与书籍一起捐赠给牛津大学。在霍普拥有它之前，它曾是英国首相本杰明·迪斯雷利之父艾萨克·迪斯雷利先生的藏书。霍普极有可能从艾萨克·迪斯雷利先生处获得了这本书，但这并不是他们之间唯一的联系。霍普迎娶了富有的女继承人埃伦·梅雷迪思，而她在不久之前刚拒绝了本杰明·迪斯雷利的求婚，并表示“作为政治家妻子的生活是十分乏味的”（弗雷德里克·威廉·霍普系列藏品中的通信）。

《苏里南昆虫变态图谱》

玛丽亚·西比拉·梅里安（1647—1717）是一位优秀的昆虫学家，同时也是一位杰出的画家。在她最著名的作品《苏里南昆虫变态图谱》（1705）中，这两项才能都得到了充分展现。

本博物馆图书馆所藏为对开本，包含60幅手工上色的精美雕版画，展示了荷兰殖民地苏里南的各种昆虫的生活史。梅里安根据她在野外的笔记和绘画完成了这部著作，这对于17世纪末期的女性来说是一份非同寻常的工作。不过，梅里安也绝非一位普通女性。

梅里安出生于德国一个出版业家庭，在18岁结婚之后，她仍选择保留母姓，并长年从事自己的工作。在研究昆虫变态发育之前，她已经出版了数本艺术和科学作品。她在35岁左右离开了她的丈夫，搬到荷兰本土居住，在阿姆斯特丹担任科学插画师，为在荷兰各殖民地采集的标本绘制插图。然而，她逐渐意识到这种工作方式的缺陷，即无法帮助她全面理解标本物种的生活状态。于是，她希望通过野外调查来提高自己的认识。

梅里安52岁时，决定与小女儿多罗特娅一起乘船前往荷兰殖民地苏里南。对于一位没有政府赞助而只能依靠自己的女性来说，这是一个非常英勇的决定。当时，苏里南殖民地建立不久，根据她在苏里南的笔记判断，那里的生存环境可谓极度恶劣。然而，在苏里南期间，她仍然设法进行并记录了一些十分重要的科学观察。三年后，她一回到阿姆斯特丹，就开始创作这部重要作品。

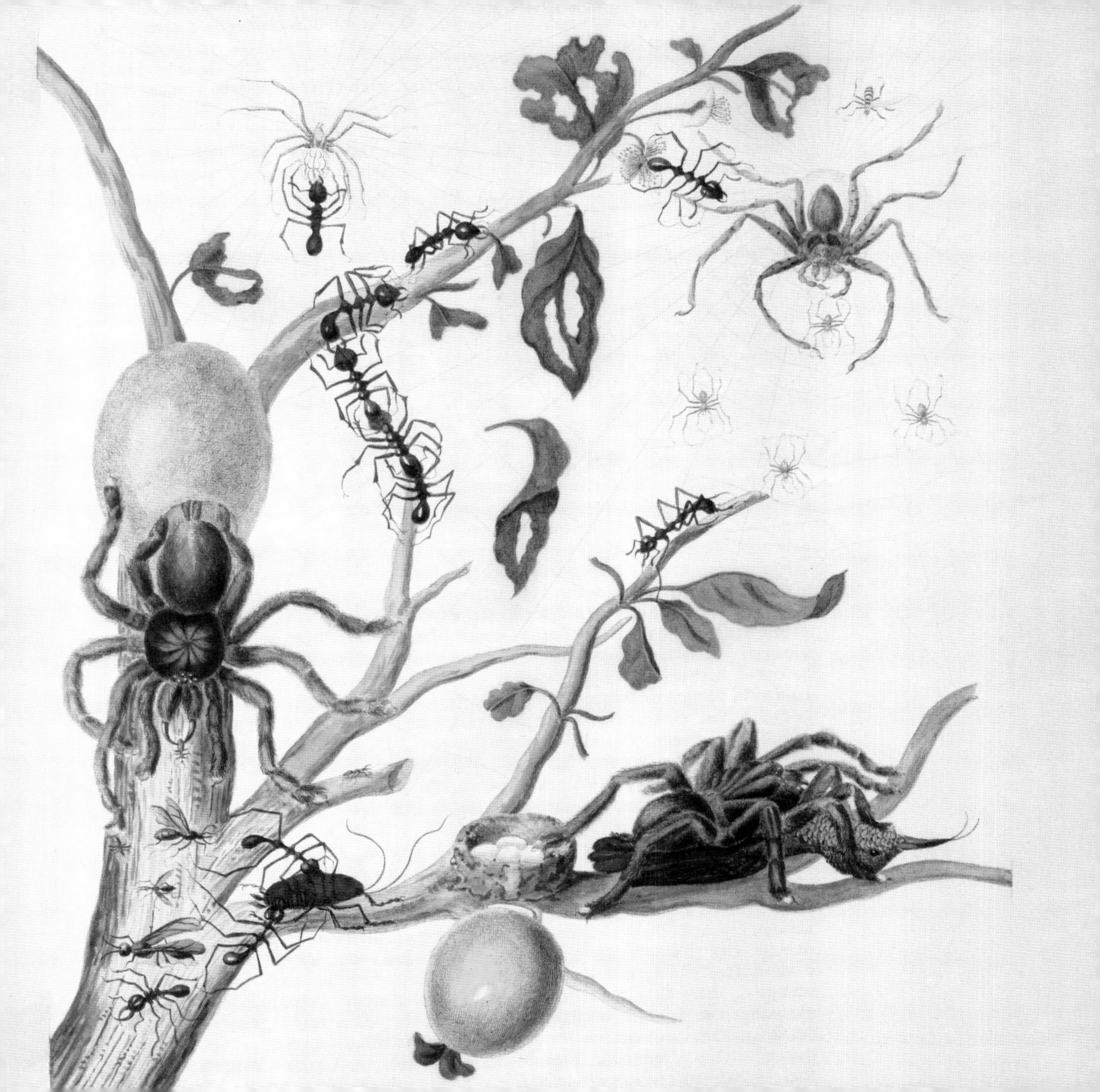

VERANDERING DER SURINAAM

DE I. AFBEELD

DE *Ananas* zynde de voornaamste aller eetbaar
eerste van dit werk en van myne ondervinge;
ende vertoond, gelyk in het volgende een rype z
gecoleurde bladeren dicht onder de vrucht zyn als
ken vercierd, de kleine uitspruitzels aan de kanten
vrucht afgeplukt is, de lange blaaden zyn van buiter
gras groen, aan de kanten wat roodachtig met scharp
verige is de cierlykheid en fraeiheid dezer vrucht va
van de *Heeren Piso en Markgrave in haar Historien*
Deel van de Hortus Malebaricus, *en Commelin in h*
sterdamsche Hof, als ook van anderen wytloopig bes
daar mede niet ophouden, maar tot myn ondervindin

Kakkerlakken zyn de bekendste aller Insecten in An
de en ongemakken, die sy allen Inwoonderen aande
wollen, linnen, spys en drank, zoetigheid is haar
deze vrucht zeer genegen zyn, sy leggen haar zaad
rond gespinst omgeeven, als zommige spinnen hier
ryp zyn, en de jonge volmaakt, byten sy zich door
ge Kakkerlakjes met groote rassigheit daaruit, en zyn
weeten sy in kisten en kasten te komen door de voeg
dan alles bederven, sy worden dan eindelyk zoo gro
blad te zien is, van coleur bruin en wit. Als sy nu
hebben, dan barst haare huit op den rug op, en kon
daar uit, week en wit, de huit blyft in haare forme le
lak was, maar leedig van binnen.

Op de andere zyde van deze vrucht is een andere
draagen haar zaad onder haar lyf in een bruin zakjen,
se het sakje vallen, om beter te konnen ontvluchten
getjes, en veranderen als de voorgaande groote, zon

De bezondere benaamingen, waar meede dit gewas van verscheide Autheuren werd genaamt, zyn by den andere te vinden, in myn flora Malabarica, over de tw gemaakt.

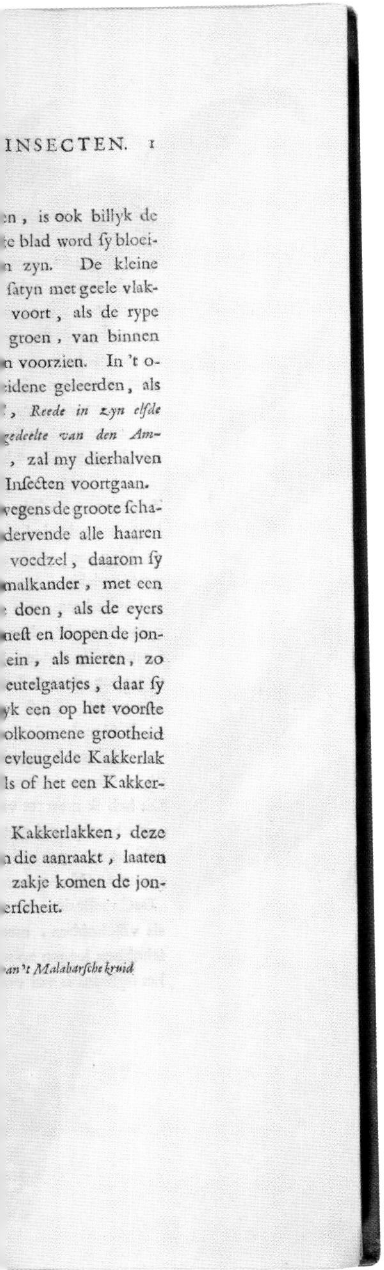

在梅里安的每一幅插画中，我们都能看到细心绘制的各种昆虫和蜘蛛的变态发育或生活史场景，展现了从卵经过幼虫到蛹，最终变成成虫的整个生命历程。插画中还展示了作为该物种主要食物的植物或其他相关昆虫的特征，以及该物种典型的生境。这是有史以来此类观察的首次记录。

《牛津郡的自然史》

罗伯特·普洛特所著的《牛津郡的自然史》是最早记录化石存在并尝试对其进行归类和解读的出版物之一。该书出版于1677年，并于1705年再版，展示了普洛特在长期担任牛津大学首位化学教授和学校当时唯一的博物馆——阿什莫尔博物馆的首任馆长期间所收集的化石。

在普洛特撰写这本书时，人们对化石的起源尚未完全明了。当时，多数人仍然认为地球只有几千年的历史，距离达尔文发表进化论还有近200年的时间。人们用当时刚发现的结晶作用对多数化石进行解释，认为化石只是恰巧与现存物种相似。然而普洛特认为，有些化石着实与现存生物太相似了，不像是巧合。

其中最有趣的一个例子是一块腿骨，也可能是股骨。无意之间，普洛特成为第一位用英语描述恐龙骨骼的人，他所描述的是一种类似斑龙（又称巨齿龙）的兽脚类动物股骨。150年后，另一位牛津学者威廉·巴克兰对其进行了命名。对于这种已灭绝很久的、庞大的爬行动物而言，没有任何概念可以参照，普洛特尝试理性地解释这种与许多现存生物（包括人类）的腿骨极其相似的巨大骨骼的出现。以现在的科学标准来看，他的解释十分虚幻，反映了当时宗教和传统观念对学术研究的影响：

> 它们肯定还是男人或女人的骨头（尽管其尺寸惊人）。这无可隐瞒，事实只能是，在地球的历史上曾经有过相应体型的男人或女人，甚至直到现在仍存在。

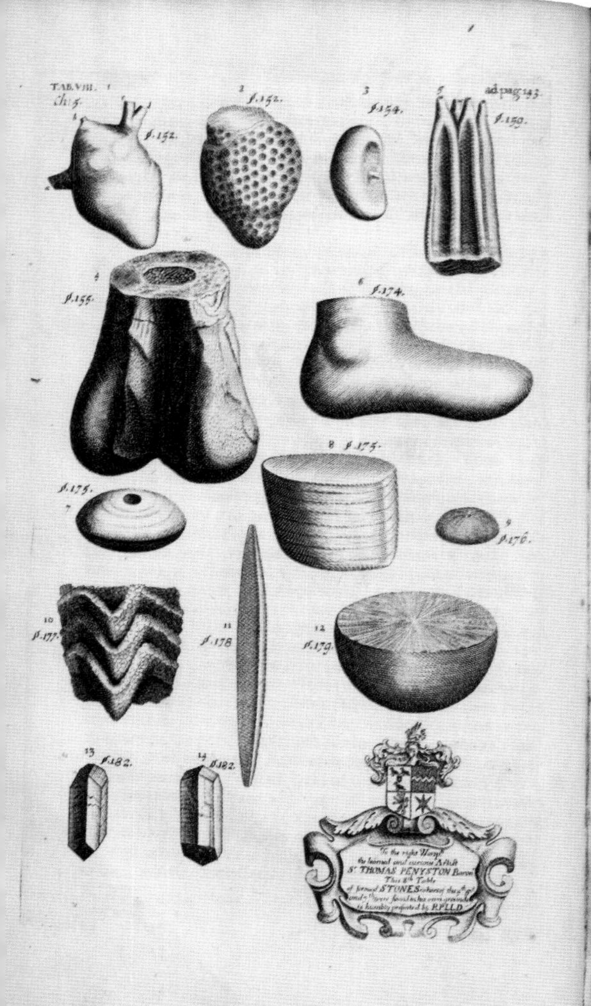

184. Only I must beg leave first to advertise the *Reader*, that what I have ascribed to Dr. *Merret* concerning the *Toad-stone*, *sect.* 148. I have found since the first Printing of that Sheet, seemingly also given to the Learned Sir *George Ent*, by the no less Learned Sir *Thomas Brown*, in his *Pseudodoxia Epidemica*[h], to whether more rightly, let them contend. And that since the first Printing the Beginning of this *Chapter*, I received from the Right Worshipful Sir *Philip Harcourt* of *Stanton-Harcourt*, two kinds of *Selenites*, though of the same Texture, yet much differently formed from any there mention'd; both of them being *Dodecaedrums*, but the *Hedræ* too as much different from one another, as from any of the former: The first sort of them being made up of two *Rhomboideal* sides, four oblong, and as many shorter *Pentagons*; and two small *Trapeziums*, one half whereof are represented *Tab.* 8. *Fig.* 13. And the second, of two oblong *Hexagons*, four oblong *Trapeziums*, four oblong *Parallelograms*, and two large *Pentagons*, one half whereof are also represented *Fig.* 14. In both which it is to be understood, that the *Hedræ* at the Ends of each *Stone*, are opposed by two others like them, not according to the Breadth, but Length of the *Stone*. The two *Pentagons* at the Top of the *Stone*, *Fig.* 13. being opposed by two others like them, behind the small *Trapezium* at the Bottom of it; and the small *Trapezium* at the Bottom, by another like it behind the two short *Pentagons* at the Top: and so the oblong *Parallelograms*, and large *Pentagons* at the Ends of the *Stone*, *Fig.* 14.

[h] Pseudodox. *Epidem. lib.* 3. *cap.* 13.

ADDITIONS *to* CHAP. V.

§. 1. A large Account of *Formed Stones* see in *Britan. Bacon.* p. 75, 76.

§. 17. The *Asteria* or *Star-stone*.] Of these *Asteriæ* see *Cambden*'s Discourse in *Lincoln-shire*, p. 536.

§. 17. In *Glocester-shire* they are taken, *&c.*] *Asteriæ* at *Belvoir-Castle* in *Leicester-shire*, and *Purton* in *Gloc. Britan. Bacon.* p. 81, 82.

§. 63. The *Turbinated* or Wreathed kind of *Stones*.] I am told that the Sands of the *Sea* somewhere in *Italy*, viewed by a *Microscope* by Dr. *Blackmore*, appeared all of this Form.

§. 66.

The Works of the Lord are Great, Sought out of all them that have Pleasure therein, Ps CXI. v. 2.

奥雷利安协会与《英国昆虫的自然史》

从18世纪末期到19世纪早期，昆虫学研究在绅士和淑女中十分流行。其中，蝴蝶和蛾类标本尤其是大家采集和讨论的热门对象。然而，事情并非一直如此，因为采集标本需要穿着怪异的服装和携带装满采集器材的大包出门，许多早期爱好者因这种不寻常的消遣而备受指责。摩西·哈里斯所著的《英国昆虫的自然史》一书极好地描绘了他们这种不同寻常的行为：一位年轻人（很可能就是哈里斯本人）在野地里摆好了姿势。

爱好者的人数迅速增加，许多协会也在欧洲各地成立又解散。在18世纪的最后几十年里，仅伦敦就有10多家协会。其中，成立于18世纪20年代的奥雷利安协会是世界上最古老的动物学协会之一。奥雷利安协会定期在伦敦交易巷的天鹅酒吧集会。成员们采集并记录各种昆虫标本，尤其是蝴蝶和蛾子，并热烈地讨论标本和收藏的艺术。然而，由于储存标本及相关文字资料的天鹅酒吧在不到30年之后的一场大火中被焚毁，我们现在对这一协会所知甚少。而成员们再也没有重聚，也许是大火中的损失让他们过于心碎。

我们对奥雷利安协会仅有的了解来自少数出版物。这些作品曾经为一位成员的外甥摩西·哈里斯所有，他在协会存在时尚

且年幼。哈里斯撰写了当时最完整的关于英国蝴蝶和蛾类（鳞翅目昆虫）的著作《英国昆虫的自然史》，于1766年出版。他还是1762年重建奥雷利安协会的人员之一，正如他在书中所述：“我们现在的协会在旧协会的灰烬中重生，正如涅槃的凤凰一般。”尽管新协会持续时间比旧协会更短，但它无疑是许多随后成立的昆虫学协会的先驱。

哈里斯从野外采集标本，他在这一过程中获得的知识也在作品中得到了体现。尽管在书中他并没有命名任何新的物种，但他经常在描述中加入自己所观察到的特征，例如特定物种的飞行方式等。

虽然哈里斯对昆虫标本的描绘通常十分精准，但是这些插图的内容十分风格化，常包含无关的物体、昆虫及植物标本。不过，这些插图仍令人赏心悦目。尽管这本书的内容并无创新性或革命性突破，它仍然是当时最为著名的关于鳞翅目昆虫的作品，而且是英国历史上伟大的昆虫学经典著作之一，这无疑得益于它的美和魅力。

PL.XLI.
To Mr. Andrew Peter Dupont.
This Plate is Humbly Dedicated by his most Obedient Servt. Moses Harris.

《典型蝇类》

三卷《典型蝇类》出版于1915—1928年。这三卷书册是最早的蝇类摄影记录之一，旨在吸引人们对苍蝇的注意力并增加大家对它们的兴趣，也代表了为大众撰写野外指南的首次尝试。其作者为埃塞尔·凯瑟琳·皮尔斯（1856—1940），书中展示了不列颠群岛的大部分典型蝇类。

出版这些书册一定是出于热爱。皮尔斯所用的摄影器材都是二手或自制的，需要耗费一天才能完成组装、拍摄和冲印。标本都是专门摆好的，翅膀和腿部都尽可能展平。尽管如此，皮尔斯还是不得不发明了手动缩小光圈的技术，通过减小相机光圈的尺寸来增加景深，让标本有尽量多的身体部分能够对上焦。

标本大多采集自皮尔斯家附近。由于当时多塞特郡附近的生境多样化，这些标本中有大量的稀有物种。每一卷中都注明了物种辨别所需的标本采集和准备过程，还附带一些可能找到相关物种的生境照片。当时的许多昆虫研究者都对皮尔斯的工作大加赞扬，给她提供标本并与她合作研究相关物种的行为和生境。

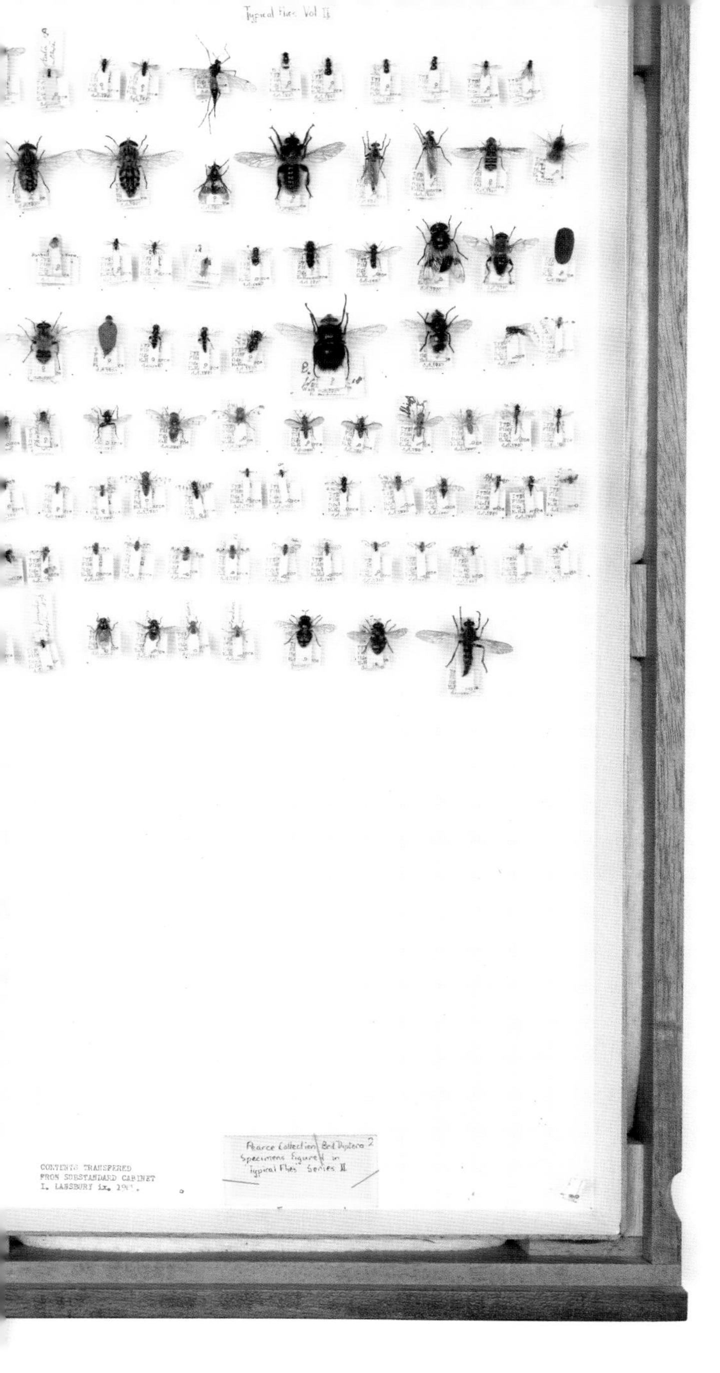

上学期间的一场疾病夺走了皮尔斯一半的听力。但有趣的是，在不拍摄蝇类的时候，她还是一名记者，报道一些当地的新闻。她给许多报纸和杂志供稿，还创作了若干科学出版物。

皮尔斯曾经用在《典型蝇类》中的那些标本现在收藏在博物馆中，附带着手写的标签，标明它们在书册中出现时的插图编号。不过，它们依然是独立的藏品，按照皮尔斯的书中的顺序排列安置，是第一位女性双翅目昆虫学家的证明。

与巨龙对话

圣诞讲座是博物馆的传统。值得期待的是，讲座通常涵盖各种各样与自然史有关的主题，并面向携家人而来的观众。1938年1月1日，约翰·罗纳德·鲁埃尔·托尔金（J. R. R. 托尔金，1892—1973）做了一场关于龙的圣诞讲座。尽管这听起来不像自然史博物馆的常规主题，但是当想到托尔金的工作和那些灭绝已久的动物及其化石遗骸时，仿佛也没那么奇怪了。

托尔金的讲座主要内容是关于龙的传说，但他的幻灯片中也有许多恐龙。他顺便提到了这两类动物之间的相似性，在笔记中写道："那些不太相信神话传说的科学家居然也会画出与这些恐怖怪兽如此相似的图示，这实在让人感到奇怪。"他还讨论了一些从鳄鱼、蛇和蜥蜴等现存生物中获取的关于龙的灵感，以及欧洲龙和中国龙之间的文化关联。

非常有趣的是，现存于博德利图书馆内的托尔金的文章显示，他认为讲座并不十分受欢迎，也许是听众群体并不太合适，以及他自己感觉不太好。当时，他还没有预料到三个月前出版的《霍比特人》将会取得巨大的成功。

这块历史碎片已经几乎被大家遗忘，直到数年前，一位访客在博物馆昆虫学展的一个大柜子里发现了一盒玻璃幻灯片。他是

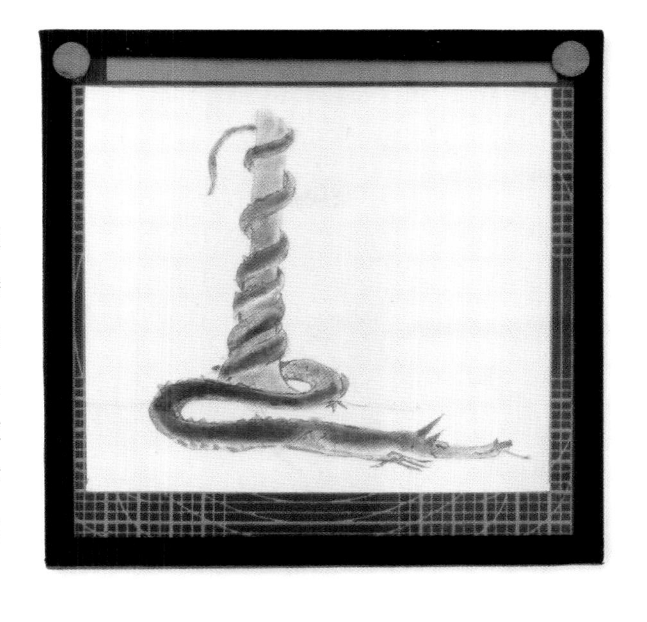

托尔金的粉丝，知道托尔金曾在《霍比特人》出版后不久进行了一次讲座，于是立即认出了这些独特的插图。这对于他本人和工作人员来说都是巨大的惊喜。经过研究，这场讲座的历史很快就浮出水面。幻灯片描绘了“追随罗佛兰登和月亮狗的白龙”（左页图，源自图书《罗佛兰登》）和“对话史矛革”（下图），以及“盘绕的龙”（右图），现在都存放在博物馆的档案中。

怀特·华生的地质学石板

地质学是一门惊人的视觉学科。了解地层等地质学概念，需要有能力认识它们在三维空间中的构成和相互关系。要想成为一名地质学家，你还需要知道如何直观地向其他人展示这些概念才能使之被理解。在地质学历史中，许多人都发明了一些直观展示我们脚下地球的方式，其中最值得关注的是使用地图和地质剖面图，然而在地图、剖面图和教学工具中使用真实岩石和材料来进行展示是十分罕见的。

怀特·华生（1760—1835）的爷爷是建造德比郡查茨沃斯庄园的主要石匠，因此华生继承了家族经营的大理石生意。为了企业的经济效益，他无疑对地质学产生了兴趣，也受到英国最早一批地质学出版物的影响。1778年，约翰·怀特赫斯特出版了《对地球原始状态和形成的研究》。受此启发，华生制作了一块黑色大理石平板，其中镶嵌着各种岩石样品，代表德比郡附近山脉的地层剖面（很有可能就在马特洛克附近）。华生希望借此能够直观地展示怀特赫斯特在书中提出的概念。怀特赫斯特是赫赫有名的月光社成员，人脉广泛。因此当

1785年华生完成这块石板时，他将石板送到了怀特赫斯特处。很快，华生就接到了大量的订单。

怀特·华生沉浸在原创石板的巨大成功之中，继续制作了一系列其他类型的石板。其中最著名的当属“德比郡石板”，始造于1810年，包含皮克区复杂的剖面，并使用了同一地区更加精细的石材镶嵌。博物馆拥有一些这样的石板，其中最

令人印象深刻的应为从巴克斯顿到切斯菲尔德的剖面石板。这块石板展示了对比鲜明的石灰岩、粗砂岩和页岩剖面，刚好延伸到煤区之外，其长度超过1米。顶部的铜环显示这些沉重的大型石板曾被悬挂起来欣赏。但它们显然不只是夺目的装饰品，也是19世纪早期地质学快速发展的见证。

史密斯的地质图

第一次工业革命给英国带来了巨变，改变的不只是景观，还有居民的生活。人们来到城市，希望能够得到技术进步带来的新工作机会，这又促进了新交通方式的出现：首先是运河，紧随其后的就是火车。对煤炭的需求空前高涨，寻找和高效地开采煤矿成为紧迫的任务。

这幅名为《英格兰和威尔士地层概略》的地图就出版于这种大开发的高潮时期。地图的创作者威廉 · 史密斯（1769—1839）是一名土地测量师和农业工程师，对地质学的热情和敏锐观察使他能够做出推测地面以下岩层的重要发现。他首次确定并记载了岩层可以通过其中所含化石进行鉴别，而且这些岩层形成了一种跨越全英国的模式。

在1815年这幅地图发布之前，人们对大范围的地质学情况尚未完全了解。尽管采矿业已经建立起来，但矿藏通常靠意外发现。随着国家对煤炭及其他矿物的需求逐渐增加，系统性地预测矿物所在地点和深度的能力变得至关重要。史密斯在1801年萌生了绘制这种地图的念头，但随后花了14年才完成并出版第一幅地图。他完全靠自己收集绘制地图所需的各种数据，同时奔波全国各地签订工程合同。到1815年8月地图出版之时，许多预订商已经对它失去了兴趣或者没有资金进行购买，有些甚至已经去世。况且，曾拒绝了史密斯申请会员的伦敦地质学会现在也出版

了自己的地图，很大程度上抄袭了史密斯的成果。由于史密斯将毕生积蓄都投入这一工作中，几年后他就因债务而锒铛入狱。在生命的最后几年里，他的这一非凡作品才得到认可。

然而，当今的地质学家依然使用着史密斯在绘制地质图期间发明的基本方法，来描绘整个地球甚至是太阳系其他行星的地质情况。

古生物学先驱

威廉·巴克兰是牛津大学历史上最古怪又最富魅力的讲师之一。1813年，在约翰·基德辞职之后，巴克兰被任命为矿物学讲师。他是第一位向牛津学生介绍古生物学的讲师。后来，他的一些学生成为著名的地质学家和古生物学家，这可以通过查阅参与课程的学生名单记录来证实。这些记录还揭示，巴克兰能够吸引学校里许多高年级学生的注意。

巴克兰的课程气氛活跃又趣味盎然，出席率一直很高。他在课上使用大量的化石标本、巨大的彩色地图和图表来解释他的理论。纳撒尼尔·惠特洛克于1823年绘制的插图记录了授课的场景，展示了巴克兰在课上所用的物品和直观教具。其中有一类插图在巴克兰的档案中数量丰富，那就是地质剖面图。这种长卷的彩色图画展示了地表以下的各种地层的岩石类型。巴克兰经常用这些示意图来解释滑坡等地质概念，正如下页图所显示的那样。

当时，巴克兰就在老阿什莫尔博物馆上课。阿什莫尔博物馆是那时牛津大学唯一的博物馆，而巴克兰是博物馆藏品的非官方负责人。他还为博物馆增加了很多由他本人采集自野外或其他人赠予的岩石、矿物和化石等标本。在1860年本博物馆建成以安置牛津大学不断增加的科学藏品和院系之后，所有的标本和文档也被搬到这里贮存，形成了古生物学最重要的创始收藏之一。

索普威思的地质模型

这些迷人的木块属于一系列为了展示地壳的特征而设计的地质模型，尤其是展示断层和矿脉形成的层理结构。它们由后来成为土地测量师的建筑者托马斯·索普威思（1803—1879）制作于1841年。如今，只有少数索普威思模型存世，而这一套是索普威思本人赠予牛津地质学讲师威廉·巴克兰的。他非常感谢巴克兰在设计模型方面的帮助，使这些模型可以成套出售。

一套模型有12个，包含数百个单独的薄层木片组合，经手工雕刻后加工组合而成。它们是为了教授地质学概念而专门制作的教具，每层木片都代表不同的地层，分别展示了根据英格兰北部（主要的采矿区）不同地区归纳出的不同地质特征。

当时，索普威思模型装在盒子当中出售。盒子被设计成书本的样子，让消费者可以方便而美观地存放。索普威思也用书本的形状来展示地层或者倾斜的岩层的概念；他将这些概念与书架上倒下的书籍进行了直观的对比。在1875年开发的第二套模型中，他将模型的数量减少到了6个，并搭配了一本名为《地质模型系列说明》的小书。尽管模型的制作技艺和需要耗费大量劳动力的制作方式让其价格不菲，但其销量依然很好。

科尔西系列藏品

科尔西系列藏品是一组独特而精美的抛光装饰石板，共计1 000块，大小统一。这组石板由意大利律师福斯蒂诺·科尔西（1771—1846）从罗马城周边及其他更远的地方（如俄罗斯、阿富汗、马达加斯加和加拿大等地）采集不同的石料制造。科尔西还接受了一些来自早期艺术与考古学赞助人的赠礼，其中就有德文郡公爵威廉·卡文迪什，他贡献了从自己家乡德比郡收集的一套精美的岩石和矿物藏品。

除了收集之外，科尔西还在1825年出版了自己的收藏品目录《古代石材藏品目录》。目录中给出了标本的名称和描述，并试图根据地质学原理对它们进行整理，还提供了关于如何鉴别类似标本的建议，以及他所描述的岩石类型和矿物范例的发现和观察地点。在将近140年的时间里，该目录以及科尔西的另一本作品《古代石材》都被列入罗马装饰石材最为重要的参考资料。

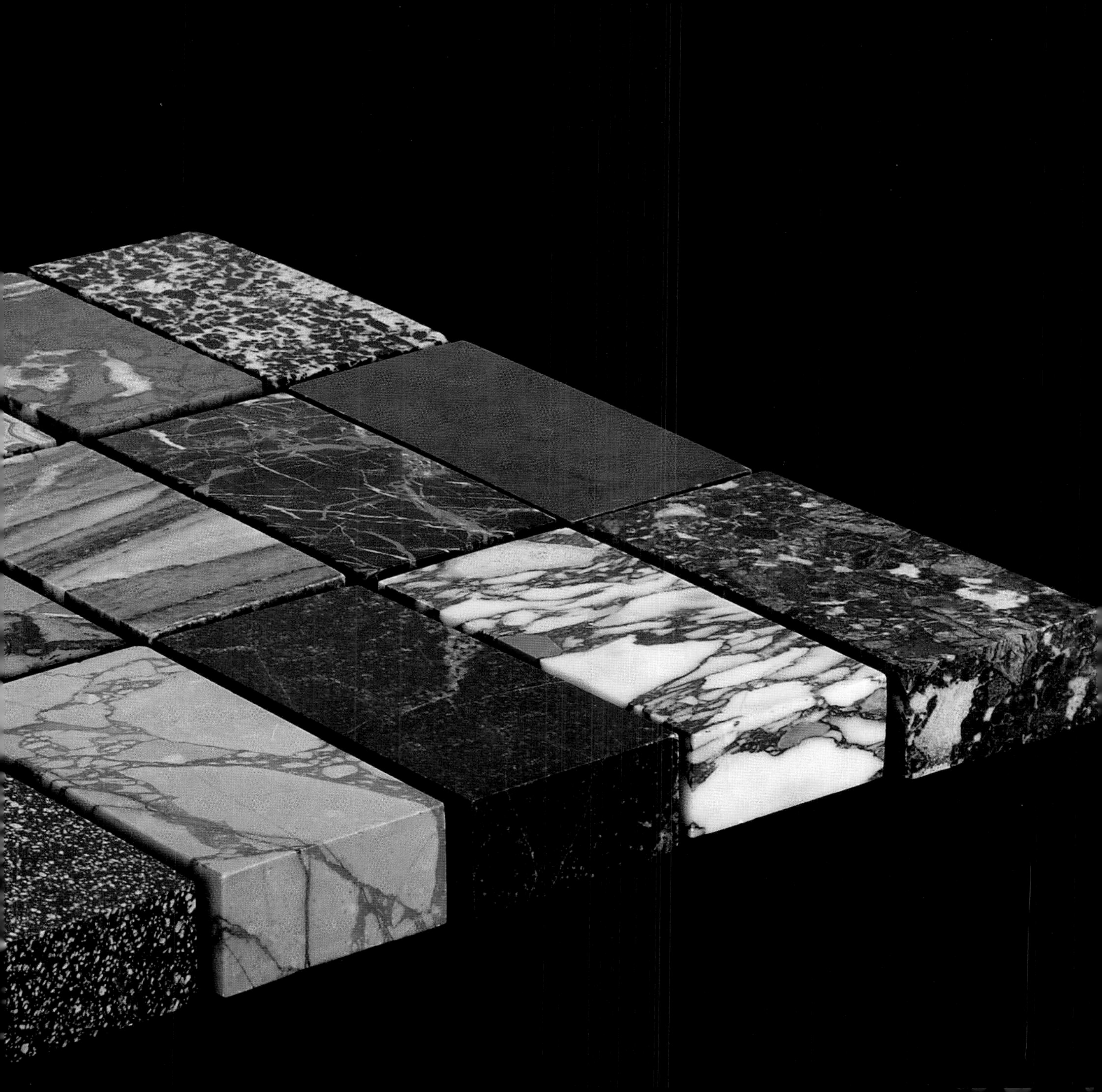

1827年，莫德林学院的学生斯蒂芬·贾勒特从科尔西手中购买了这批藏品，并将它们赠送给牛津大学。在1860年博物馆建成之后，这批藏品也搬到了这里，作为大学的科学藏品库存。对于希望鉴别和研究拜占庭到巴洛克时期的建筑、家具和工艺品装饰石材的人来说，这些石板依然具有极高的参考价值。许多研究者、保护工作者、艺术家、古董商，甚至是考古学家和地质学家仍然在使用这套石板，而且现在完全可以在线浏览和研究它们。

scuro con onde di verde più chiaro. È piena di piriti di ferro visibili al di sotto. *Rara*.

3. *Lavagna di Genova*. Tutta bigia, tendente al nero. Questa è l'ardesia di Lavagna. *Comune*.

4. *Marmo polveroso di Pistoja*. Questa pietra è nerastra, ed unicolore: Chiamasi polverosa perchè avendo sopra il fondo nero una tinta che tende al bigio sembra coperta di polvere. *Rara*.

CLASSE VI.

PIETRA ALLUMINOSA.

1. Il suo colore è il bianco gialliccio, ed ha l'aspetto di un' argilla indurita; è semidura, non ha lucidezza, non fa effervescenza con gli acidi, e prende poco pulimento. Trovasi alla Tolfa nello Stato Romano, d'onde si trae il miglior allume naturale. In Roma è *comunissima*.

CLASSE VII.

SERPENTINE.

Questa pietra, di cui si trovano grandi, e continuate montagne, è costantemente di un verde scuro con onde, vene, punti, e liste di un verde diverso, che spesso passa al giallognolo, ed anche al turchiniccio, e di rado al rosso, ed al pavonazzo. Dicesi serpentina perchè nell' unione de' colori somiglia alla pelle de' serpenti. Noi non faremo la distinzione di alcuni Mineralogi fra le serpentine propriamente dette, ed i gabbri, ma in questa classe riuniremo le une, e gli altri. Talvolta è assolutamente dura, talvolvolta è tenerissima, ma generalmente tende piuttosto al duro, che al tenero. La maggior durezza proviene dalla presenza del feldspato. In queste pietre si trovano spesso uniti l'ansibolo, il dialaggio, e l'asbesto, dalle qnali due ultime sostanze dipende il gatteggiamento che presentano in varj punti

《伯切尔先生的马车里》

威廉·约翰·伯切尔是同时代最伟大的植物探险家之一。他出生于伦敦一个富有的家庭，拥有兴旺的苗圃生意，因此植物学成为他毕生的追求并不奇怪。此外，他热衷于动物学、人类学、艺术甚至音乐。在结束了邱园的工作之后，伯切尔开始了他的旅行生涯。1805年，他首先来到大西洋上的圣赫勒拿岛，担任当地一所学校的校长及岛上的植物学家。然而仅仅两年之后，他遭遇了生命中的第一次不幸：他的未婚妻来到岛上，却在航行途中爱上了船长。

五年之后，他前往开普敦，穿越开普省去往荒凉的南非干燥台地高原，开展一系列探险活动。他跋涉了4 500英里，绘制了精细的地图，采集了尽可能多的不同植物、动物、岩石和矿物的标本，共计6.3万余件。他将其中多数赠予大英博物馆，但很快他就对博物馆对待标本的方式表示了不满。

Collection.

在非洲期间，伯切尔绘制了他著名的艺术绘画之一:《伯切尔先生的马车里》。在牛津大学自然史博物馆中可以见到伯切尔绘画中的一些标本，包括他在1814年采集的一只龟、一枚河马的牙齿以及一枚大象的臼齿的标本。此外，画的右上角绘有大量的昆虫。这幅画具有极高的艺术价值，曾在1820年英国皇家美术学院的展览中展出，现在存放在博物馆。

虽然牛津大学在1834年授予伯切尔荣誉学位，但他的工作并未得到广泛的认可。抱着破灭的幻想和失落的内心，伯切尔在1863年以自杀的方式结束了生命。1865年，他的妹妹将剩余的植物捐赠给了邱园，而将其他的标本捐赠给了牛津大学自然史博物馆，其中包括许多当时科学界尚未知晓的新物种标本。

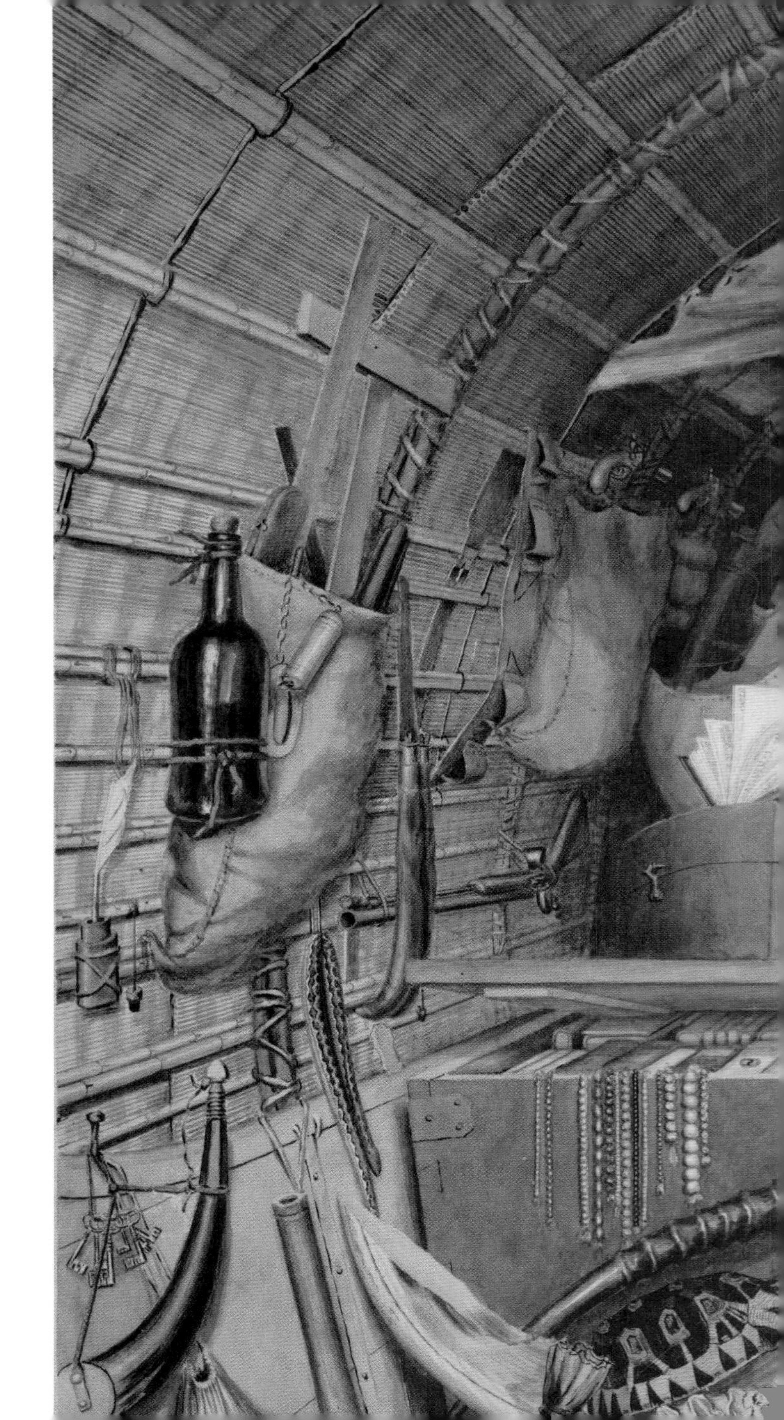

Bless the baby! what a Walley he have a-made
By Sir. H Delabeche
I expect J Buckland

Cause and Effect

《原因与影响》

这幅讽刺插画由亨利·德拉贝什（1796—1855）创作于1830年左右。第一眼看来，这幅画表现一个小孩子尿出了一条小溪。除了本意的幽默之外，这幅画其实还表达了对一种当代地质理论的评论，那就是标题中所写的：“祝福这个孩子！他创造了一个山谷！”这幅画在威廉·巴克兰的藏品中，人们认为画中的孩子其实就是巴克兰的儿子弗兰克。

德拉贝什是一位杰出的地质学家，他还因以讽刺漫画评论当时的科学而声名狼藉。他的日记中满是关于对比和发展地质学理论的草图，当时另一位重要的地质学家查尔斯·赖尔经常现身其中。

这幅画绘制于1830年查尔斯·赖尔出版其开创性著作《地质学原理》的同一时期。在该书中，赖尔提出多数山谷是流水长时间冲刷形成的。这一观点与当时人们普遍接受的理论大相径庭，主流观点认为山谷是地震等地质事件或洪水造成的。赖尔在书中的推测也是他的均变论的一部分，均变论认为地壳的形成是缓慢、持续而均匀的过程。超越地质学的范围，从更大的尺度上来讲，这种观点认为宇宙的自然法则是恒定且到处适用的。

赖尔的观点自有其价值，然而与他最初所提出的推测相比，我们今天认识到这些地质过程其实更加复杂。例如，我们知道这里所展示的特定类型的山谷其实是冰川运动形成的，而这一理论在当时尚未建立。

《维苏威火山爆发》

这幅激动人心的画作是绘制在纸张上的水粉画，描绘了位于意大利那波利湾的维苏威火山剧烈喷发时的场景。在18世纪末期和19世纪早期绘制的数百幅该地区的画作中，这是十分常见的场景。虽然并非所有的画作都是在晚间绘制的，但这幅画的光影运用是十分典型的技法。绘制这幅画作的画家不得而知，但曾有人认为可能是意大利非著名画家恩里科·拉皮拉。这幅画创作于1845年。

维苏威火山是世界最著名的火山之一。人们对它的认识主要来自公元79年的那次喷发，当时意大利的庞贝城和赫库兰尼姆城被彻底掩埋。时至今日，它仍然是全球最危险的活火山之一，已经喷发过数次，好在灾难性后果已大大减少。它是一座层状火山，拥有由许多层岩浆和火山灰等火山物质逐渐堆积而成的圆锥形山体。火山中央拥有火山口或破火山口，形成于较早的喷发和初期更为高耸的石质结构。与许多火山一样，维苏威形成于两个板块构造的碰撞，来自地幔的滚烫岩浆从此处涌出地表。

19世纪，维苏威火山曾多次喷发，吸引全欧洲的艺术家和地质学家前来围观这一壮丽场景。这幅画作是一套描绘维苏威火山喷发的绘画之一（全套画作共12幅），发现于威廉·巴克兰印刷品系列藏品之中。巴克兰如何以及从何人处获得这些绘画已经无人知晓，但巴克兰很可能通过它们来进一步了解火山地质和火山喷发——如今称为“火山学”。

《冰海冰川》

博物馆的建造耗资巨大，截至1867年的最终费用几乎是最初所估计的2.9万英镑的三倍。建筑中最为昂贵的部分当属各种装饰，而急剧增长的费用意味着原本准备装饰整个建筑墙壁的大量彩色壁画以及很多其他计划中的装饰内容其实从未完成。博物馆的建筑师本杰明·伍德沃德委托数位著名的拉斐尔前派艺术家及其同时代艺术家设计了大量的壁画，但只有较不著名的画家理查德·圣约翰·蒂里特（1827—1895，现在他作为作家的名声更响亮一些）的作品最终完成了。

与其他拉斐尔前派画家不同，蒂里特喜欢运用照片作为辅助来完成画作，而不是在户外进行创作。《冰海冰川》就是一幅用这种独特的技法创作的作品。蒂里特其实从未到过法国阿尔卑斯的冰海冰川，因此这幅画并不是根据他自己对该地区的印象创作的。他首先在画板上完成了冰川的草稿，然后在博物馆的地质学演讲室的墙壁上重新绘制了更大尺寸的画作。

这一画作主题很可能是支持拉斐尔前派的艺术评论家约翰·罗斯金选择的。在博物馆建立之前，罗斯金曾多次前往冰海冰川，并对该地区的岩石和其他冰川进行了大量研究。尽管以艺术评论家和艺术家的身份闻名，但罗斯金其实也非常热衷地质学。

这幅油画和蒂里特绘制的另一幅油画都留在了博物馆。它们现在存放在博物馆董事的办公室中，而启迪了这些画作的研究成果被放置在房间的另一端。

用乌贼墨写成的信

玛丽·安宁是一位著名的早期女化石猎人。与她同时代的伊丽莎白·菲尔波特虽然名气不大，但同样活跃且颇有影响。与安宁一样，菲尔波特与许多早期的古生物学家关系密切，其中不少人迫切地希望拥有多塞特海岸（现称侏罗纪海岸，世界遗产地）发掘出的丰富化石。

威廉·巴克兰和路易斯·阿加西斯正是这样的两个人。1834年，阿加西斯拜访了伊丽莎白姐妹，一睹她们惊人的化石收藏。他震惊于她们渊博的知识，在他的开创性著作《化石鱼类研究》中提到了伊丽莎白，并以她命名了一个物种——菲尔波特真颚鱼（*Eugnathus philpotae*）。在那个时代，一位女性在科学方面的工作和贡献能够得到适当的认可是十分罕见的，而菲尔波特与当时其他科学家之间的频繁通信真实地显示出她在圈内的影响，以及其他人对她工作的尊重。

牛津大学自然史博物馆的档案中收藏有菲尔波特与威廉·巴克兰（及其妻子）的通信，其中显示了她的另一个有趣发现。1826年，玛丽·安宁在一个箭石（一种已灭绝的类似乌贼的头足类动物）化石的房室中发现了一种不同寻常的物质，看起来很像是墨。她将这一发现告诉了菲尔波特，后者知道滴入水可以溶解这些墨，使其能够重新使用。在1833年12月9日写给玛丽·巴克兰的一封信中，菲尔波特用它绘制了最近发现的一只鱼龙残骸；她还给插图绘制了副本。这种做法变得流行，当地的艺术家开始在工作中使用化石墨水。这种技巧一直延续至今。

A Jaw of the Ichthyosaurus communis
from the lias, Lyme Regis.
(Drawn with colour prepared from
the fossil Sepia cotemporary with
the Ichthyosaurus.

Half the
atural size

达尔文的来信

进化论是最为著名的科学理论之一，让查尔斯·达尔文名列有史以来最为著名的科学家。然而，这一发现并不是达尔文独自完成的，在当时还有其他人得出了同样的结论，其中就有阿尔弗雷德·拉塞尔·华莱士。同时，达尔文是一位热心的读者，与许多科学家熟识，这些人的想法为1859年《物种起源》的出版铺平了道路。

除了其他生物学家的工作，达尔文还受到过去一个世纪中地质学发现的深刻影响：每一个发现都伴随着更多的证据，表明地球的形成时间一定远远长于《圣经》中的记载。他的图书馆中有许多此类书籍，确切地支持他的结论：地球上的生命不是静止不动的，而是长时间不断变化和适应的。

一位与达尔文经常合作的地质学家，就是本博物馆的首位馆长和地质学高级讲师约翰·菲利普斯。菲利普斯因其对地质年表发展的研究而颇具影响力，他和达尔文经常通信讨论问题。这些写给菲利普斯的信件现在保存在博物馆的约翰·菲利普斯系列藏品中，其中一封信让我们以有趣的视角了解达尔文如何期盼着他的重要工作被接受。

在这封写于1859年11月11日的信件中（距离《物种起源》出版不到两周时间），达尔文告诉菲利普斯，菲利普斯将会很快收到这本书的摘要。达尔文请菲利普斯"尽量不要全盘否定它"，而且担心菲利普斯将"倾向于严词谴责这本书"。达尔文知道，尽管越来越多的证据表明地球的年龄比詹姆斯·厄谢尔主教在1654年提出的6 000年这一说法要长得多，而且地质学界已经广泛地接受地球有数百万年历史，但是对于当时的许多人来说，提出地球上的生命处于变化中而非上帝创造的完美作品，这仍然是颇有争议的，甚至将被认为是异端邪说。即使是研究这些理论的科学家，也要挣扎着抛开宗教环境才能理解这些呈现在眼前的证据。在许多科学领域，还需要经过许多年，文化和宗教信仰才会被迫让位，人们才能广泛接受这一理论为事实。

does not require any answer & pray believe me

Dear Phillips

Yours very sincerely

Charles Darwin

DAR 4/9

Down Bromley

Nov. 11th [1859]

My dear Phillips

I have directed Murray to send you a copy of my book on the Origin of Species, which as yet is only an abstract.— I fear that you will be inclined to fulminate awful anathemas against it. I assure you that it is the result of far more labour, than is apparent in its present highly condensed state.— If you have time to read it, let me beg you to read it all straight through, as otherwise it will be

达尔文的肖像

这张照片是名列有史以来最为著名的科学家的查尔斯·达尔文最具代表性的肖像之一，也是他本人的最爱。在许多复制品的下面都印着他曾说的话："在我的所有照片中，我最爱这一张。"

这张照片在1868年拍摄于怀特岛上的清水镇，当时达尔文与家人正在此过暑假。尽管照片上他看起来比实际年龄略老，但拍摄照片时达尔文才55岁，刚刚蓄起他著名的大胡子。达尔文的事业已经稳固建立，阐述进化论的著作也已经出版了将近10年。在人生的这一阶段，他对于拍摄肖像或引起他人注意早已不再陌生。而且，镜头后面的人也不是一个小人物。该照片是由摄影师朱莉娅·玛格丽特·卡梅隆（1815—1878）拍摄的。照片拍摄前5年，也就是她48岁时，她才得到人生第一部照相机。

卡梅隆的作品彻底改变了作为公认艺术形式的摄影。虽然她希望获得完美的照片，正如她在与亨利·科尔爵士等同时代人的通信中所表述的那样（这些信件现在存放在维多利亚与阿尔伯特博物馆），但她也对这一过程做了许多尝试。她的照片风格以焦点和构图的方式呈现，让拍摄对象看起来十分优雅。她会利用冲洗照片的过程对一些被别人视为失败品的照片进行试验，这些照片的最终呈现形态会有污迹、划痕甚至是指纹。他人将她对摄影过程的无限热情以及边实验边学习的方式，归因为她在暮年阶段才开始进行摄影。

可以肯定的是，博物馆的档案中存放的达尔文肖像正是原始版本，照片背面有卡梅隆的签名，而正面有她的版画商梅塞尔·科尔纳吉的盲印压花。这张照片十分神秘，最近才重新找到，但关于博物馆如何获得这张照片没有记录。

Ch. Darwin

弗雷德里克·威廉·霍普

弗雷德里克·威廉·霍普是一位富有的助理牧师，受教于牛津基督教堂学院。然而，他在教堂的工作生涯并未持续很久。在牛津求学期间，他曾经参与基德博士的动物学课程。受此启迪，他将一生中大部分的时间投入昆虫学研究中。霍普最广为人知的事迹是他在临终时慷慨地向牛津大学捐赠了大量藏品和财物。这一捐赠见证了以他命名的动物学教授职位和牛津大学博物馆的霍普昆虫学系列藏品的设立，他的密友和同事约翰·奥巴代亚·韦斯特伍德成为担任此职位的第一人。

霍普及其妻子埃伦·梅雷迪思都是精明的收藏家，十分热衷于收藏艺术和自然史方面的材料。在霍普一生中，由于他和妻子拥有巨额财富，他们积累了数量惊人的收藏品，包括近14万幅画像和9万件雕刻，其中有2万件与自然史相关。霍普还拥有来自世界各地的大量昆虫标本。他和妻子都认识到这些藏品的重要性，将它们全数提供给牛津大学，保存于博物馆之中。主要的画作和雕刻都存放在阿什莫尔博物馆，而所有的自然史画作和书籍以及各种标本则被送往新的大学博物馆。

1864年霍普去世后不久，他的妻子将这幅他的油画肖像赠送给牛津大学。这幅画是罗斯金的学生洛斯·凯托·迪金森绘制的，迪金森的雕塑和版画作品比油画更为著名。按照当时的惯例，这幅肖像是根据该家族所有的一张照片绘制的。画像现在被悬挂在博物馆的阅览室里，这里也曾经是霍普昆虫学图书馆所在。

渡渡鸟提供的灵感

渡渡鸟是博物馆中最具标志性的标本，甚至是博物馆标志的组成部分。但除了生物遗骸标本外，博物馆还拥有关于这个著名的灭绝物种的最古老、最有名的绘画之一。

小扬·萨弗里（1589—1654）是荷兰黄金时代的画家。他是雅各布·萨弗里的儿子，也是老汉斯·萨弗里和勒朗特·萨弗里的侄子。这三个人也都是画家。扬很可能是其叔叔勒朗特的学生，而后者在职业生涯中描绘了10多种现已灭绝的鸟类。

扬·萨弗里最有名的作品是1651年绘制的渡渡鸟画作，现存于博物馆。在1813年大学博物馆建成之前，W. H. 达比将这幅画赠送给了阿什莫尔博物馆。画中的动物看起来羽毛柔软，头部较大，这通常是年轻个体的特征。但是，鉴于扬的叔叔所绘的渡渡鸟脚部有蹼，大家对渡渡鸟的外观存有疑问。17世纪早期，一些活的渡渡鸟曾被带到了欧洲。如果运动受限而且饲喂不当，它们就会变得肥胖。这也许可以解释它在绘画中的外观与我们现在认证的野生渡渡鸟（一种苗条得多的鸟类）之间的区别。

人们普遍认为牛津数学家、《爱丽丝梦游仙境》的作者刘易斯·卡罗尔受到博物馆中悬挂的萨弗里绘制的渡渡鸟画作启发，在书中安排了形象可笑的渡渡鸟角色。到目前为止，许多艺术家、科学家和作家仍继续从博物馆馆藏标本中获得灵感。

美好的时光总是过得很快
在结束这次寻宝之旅前，请抬头看一看——

愉快道别

科学殿堂的屋顶

塔中雨燕

当动物学部爱德华·格雷研究所的主管戴维·拉克开始研究雨燕时，它们已经在博物馆塔楼的通风井中筑巢多年了。雨燕不太容易研究，它们一生多数时间都在天空中度过，并且喜欢选择捕食者无法到达的地方筑巢，以此保护卵和幼鸟。

因此，博物馆中的雨燕种群成为长期研究的理想对象。对它们的研究始于1948年5月，是世界上对单一鸟类物种持续时间最长的研究之一。

雨燕是迁徙鸟类，几乎一生都在空中飞行。英国雨燕在刚果（金）、坦桑尼亚或津巴布韦等地越冬。它们的翅膀窄而狭长，能够有效地进行长距离的滑翔飞行。它们的喙部宽大，可以在飞行过程中捕食多种昆虫和小型蜘蛛。它们只在繁殖过程中降落，在此期间为了捕食可以每天飞行560英里。它们几乎只在城市中筑巢，而且非常喜欢重复使用巢址，每年都会返回同样的地方筑巢，比如博物馆的塔楼。但是它们对于变化非常敏感，一旦受到惊扰就会放弃巢穴。英国雨燕的数目自1994年以来减少了38%，有人认为城市的再建设可能是原因之一。因此，它们的未来充满变数。

2016年8月，博物馆很高兴地宣布其参与了“雨燕城市”项目，获得了英国文化遗产彩票基金的拨款，用于开展关于雨燕种群数量下降的重要研究。在英国皇家鸟类保护协会及多个其他组织的合作下，这个为期两年的项目招募志愿者来定位牛津环城路内每一个雨燕的筑巢点，并将这些信息添加进当地议会和大学的建筑规划文件，以维持当前城市中雨燕的筑巢点，还在新建筑和现存建筑上建造了300个新的筑巢点，希望能够以此保护这个神秘的物种。

头顶之上

牛津大学自然史博物馆最引人注目的建筑特色当属其令人惊叹的玻璃屋顶。当为了建造能够成为“科学殿堂”的新博物馆而举行竞赛时，屋顶是说服阿克兰和罗斯金选择本杰明·伍德沃德的设计方案的关键元素之一。建造这一屋顶也是工程天才的壮举。尽管如此，博物馆在其150多年的历史中还是遇到了一些问题。

在博物馆的建设过程中，原始设计主要使用熟铁来承受玻璃屋顶和木质支撑结构的重量。支柱经过精心装饰，与拉斐尔前派风格的室内装置和配件设计保持一致。不幸的是，最初的计算被证实是错误的，建造工作开始后不久屋顶就坍塌了。锻铁太脆弱，不能承受屋顶的重量。E. A. 斯基德莫尔是一位经验丰富的铁艺大师，他受邀来生产一种用熟铁装饰的铸铁。

屋顶的另一个挑战是所形成的博物馆展览空间内部条件。在过去的150年里，我们关于某些环境条件（如高光照强度和温度波动等）对博物馆藏品的影响的认识有了很大改变。我们现在知道，长时间的光照和波动的温度会对某些类型的藏品产生不利影响，导致其寿命缩短，例如艺术品和档案材料，以及剥制标本和浸泡标本等藏品。玻璃屋顶所导致的展厅条件是挑战性的，但随着技术进步和情况改善，这些是可以克服的，使建筑和藏品都得以保留，供后代欣赏。尽管面临挑战，玻璃屋顶仍然是博物馆最伟大的建筑瑰宝之一，也是复杂问题带来创新和进步的完美典范。

IRON SKIDMORE COVENTR

致谢

本书是无数人艰辛工作、潜心研究和分享知识的成果。我们在此感谢所有参与编写本书内容，为我们指明方向并允许我们使用其作品的人：马克·卡纳尔、阿莫瑞特·卡特-斯普纳、陈充、凯瑟琳·蔡尔德、亚当·菲斯克、萨米·德格雷夫、朱丽叶·海、詹姆斯·霍根、伊丽莎·豪利特、夏洛特·因奇利、克里斯·贾维斯、彼得·约翰逊、希拉丽·凯彻姆、罗伯特·奈特、凯瑟琳·科拉科夫卡、达伦·曼、伊姆兰·拉赫曼、巴斯蒂安·赖纳和桑西亚·范·德梅基。没有他们的贡献，本书将不可能完成，也不会如此精彩。

我们还要感谢牛津大学自然史博物馆馆长保罗·史密斯教授和运营主管温迪·谢泼德，感谢他们在本书出版过程中的支持。

非常感谢博德利图书馆出版社团队的耐心指导，特别是珍妮特·菲利普斯、利安达·施林普顿和苏西·福斯特。尤其要感谢塞缪尔·法努斯看到了博物馆藏品的潜力，并提供了本书从构思到付梓的全程支持。

最后，我要感谢所有自博物馆建造以来照看过馆藏标本的人，以及那些将在未来对标本细心呵护的人。是你们的细心照料让他人可以尽情欣赏这些珍贵的标本，从中学到知识并得以应用。没有这些辛勤工作，本书将无从谈起。

术语表

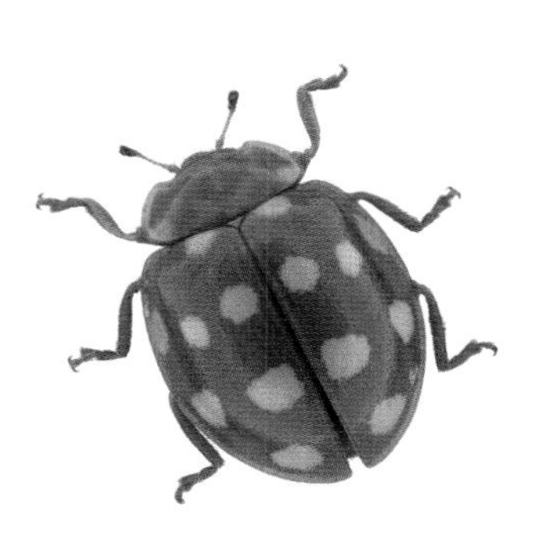

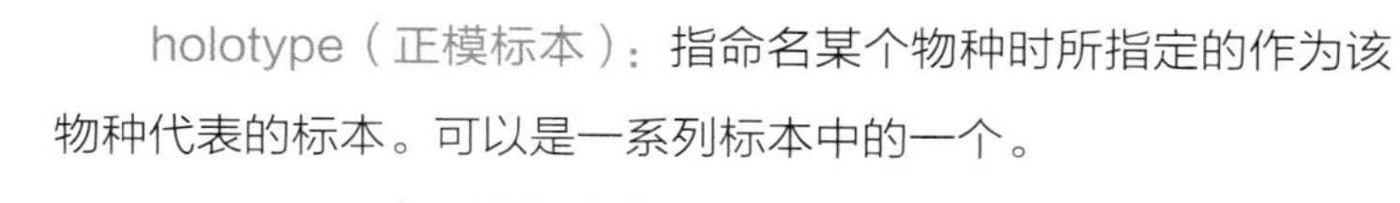

holotype（正模标本）：指命名某个物种时所指定的作为该物种代表的标本。可以是一系列标本中的一个。

iconotype（图模标本）：用图示而不是文字来描述物种时所依据的图。

paratype（副模标本）：指用于描述物种的一系列标本中，除了正模标本以外的其他标本。

syntype（全模标本）：正模标本尚未指定时用于对物种进行描述的一系列标本，通常具有历史意义。

译名对照表

人名

J. H. 勒科克斯
J. H. Le Keux

J. 伊格纳兹 · 罗德里希
J. Ignatz Roderich

P. 温 · 哈里斯
P. Wyn Harris

阿尔弗雷德 · 亨格 · 科克斯
Alfred Henge Cocks

阿尔弗雷德 · 拉塞尔 · 华莱士
Alfred Russel Wallace

埃伦 · 梅雷迪思
Ellen Meredith

埃塞尔 · 凯瑟琳 · 皮尔斯
Ethel Katharine Pearce

艾瑞克 · 伯特
Eric Burtt

艾萨克 · 迪斯雷利
Isaac D'Israeli

爱德华 · 巴格诺尔 · 波尔顿
Edward Bagnall Poulton

爱德华 · 惠兰
Edward Whelan

爱德华 · 利尔
Edward Lear

爱德华 · 托普塞
Edward Topsell

安东尼 · 斯通斯
Anthony Stones

保罗 · 艾希福德 · 梅休因
Paul Ayshford Methuen

本杰明 · 迪斯雷利
Benjamin Disraeli

本杰明 · 伍德沃德
Benjamin Woodward

彼得 · 帕拉斯
Peter Pallas

伯温 · 伊斯特伍德
Berwyn Eastwood

查尔斯 · G. B. 多布尼
Charles G. B. Daubeny

查尔斯 · 达尔文
Charles Darwin

查尔斯 · 赖尔
Charles Lyell

戴蒙德 · 詹内斯
Diamond Jenness

戴维 · 布鲁斯
David Bruce

戴维 · 拉克
David Lack

戴维 · 利文斯通
David Livingstone

丹尼尔 · 弗雷德里克 · 埃施里希
Daniel Frederik Eschricht

迪安 · 洛马克斯
Dean Lomax

多萝西 · 克劳福特 · 霍奇金
Dorothy Crowfoot Hodgkin

恩里科 · 拉皮拉
Enrico La Pira

弗兰克 · 瓦登
Frank Vardon

弗雷德里克 · 威廉 · 霍普
Frederick William Hope

福斯蒂诺·科尔西
Faustino Corsi

格奥尔格·冯·埃克哈特
Georg von Eckhart

亨利·丹尼
Henry Denny

亨利·托马斯·德拉贝什
Henry Thomas De la Beche

亨利·科尔
Henry Cole

亨利·温特沃思·阿克兰
Henry Wentworth Acland

亨利·伍德沃德
Henry Woodward

怀特·华生
White Watson

吉迪恩·曼特尔
Gideon Mantell

贾斯珀·福德
Jasper Fforde

卡尔·冯·弗利施
Karl von Frisch

卡尔·哈林顿
Carl Harrington

卡尔·林奈
Carolus Linnaeus

凯莉·斯温
Kelley Swain

凯瑟琳·科拉科夫卡
Kathryn Krakowka

康拉德·格斯纳
Conrad Gesner

康拉德·洛伦茨
Konrad Lorenz

克里斯·菲拉尔迪
Chris Filardi

克里斯蒂安·灿格
Christian Zänger

克里斯托弗·佩格
Christopher Pegge

拉尔夫·巴恩斯·格林德罗德
Ralph Barnes Grindrod

莱纳德·赖尔
Leonard Lyell

劳伦斯·里卡德·韦杰
Lawrence Rickard Wager

勒朗特·萨弗里
Roelant Savery

勒内·茹斯特·阿羽依
René Just Haüy

理查德·欧文
Richard Owen

理查德·圣约翰·蒂里特
Richard St John Tyrwhitt

理查德·西蒙斯
Richard Simmons

利奥波德·布拉施卡
Leopold Blaschka

刘易斯·卡罗尔
Lewis Carroll

鲁道夫·布拉施卡
Rudolf Blaschka

路德维希·伦普夫
Ludwig Rumpf

路易-帕尔费·莫勒克斯
Louis-Parfait Merlieux

路易斯·阿加西斯
Louis Agassiz

罗伯特·埃瑟里奇
Robert Etheridge

罗伯特·普洛特
Robert Plot

罗德里克·麦奇生
Roderick Murchison

洛斯·凯托·迪金森
Lowes Cato Dickinson

马修·李
Matthew Lee

玛丽 · 安宁
Mary Anning

玛丽 · 莫兰
Mary Morland

玛丽亚 · 西比拉 · 梅里安
Maria Sibylla Merian

玛乔丽 · 考特尼 - 拉蒂默
Marjorie Courtenay-Latimer

梅塞尔 · 科尔纳吉
Messrs Colnaghi

摩西 · 哈里斯
Moses Harris

纳撒尼尔 · 惠特洛克
Nathaniel Whitlock

尼古拉斯 · 廷伯根
Nikolaas Tinbergen

尼克劳斯 · 赫恩
Niklaus Hehn

皮埃尔 · 安德烈 · 拉特雷耶
Pierre André Latreille

乔治 · 居维叶
Georges Cuvier

乔治 · 沙夫
Georg Scharf
（疑误，应为
George Scharf）

让 · 巴蒂斯特 · 博里 · 德圣樊尚
Jean Baptiste Bory de Saint-Vincent

让 - 巴蒂斯特 · 拉马克
Jean-Baptiste Lamarck

萨拉 · 安杰利娜 · 阿克兰
Sarah Angelina Acland

萨米 · 德格雷夫
Sammy De Grave

塞缪尔 · 威尔伯福斯
Samuel Wilberforce

桑西亚 · 范 · 德梅基
Sancia van der Meij

史蒂文 · 威廉 · 西尔弗
Steven William Silver

斯蒂芬 · 贾勒特
Stephen Jarrett

托马斯 · 贝尔
Thomas Bell

托马斯 · 迪恩
Thomas Deane

托马斯 · 弗农 · 沃拉斯顿
Thomas Vernon Wollaston

托马斯 · 赫胥黎
Thomas Huxley

托马斯 · 霍金斯
Thomas Hawkins

托马斯 · 纳普
Thomas Knapp

托马斯 · 索普威思
Thomas Sopwith

托马斯 · 伍尔纳
Thomas Woolner

瓦伦丁 · 赫恩
Valentin Hehn

威廉 · 巴克兰
William Buckland

威廉 · 菲利普斯
William Phillips

威廉 · 海德 · 沃拉斯顿
William Hyde Wollaston

威廉 · 亨利 · 弗劳尔
William Henry Flower

威廉 · 卡文迪什
William Cavendish

威廉 · 卢因
William Lewin

威廉 · 琼斯
William Jones

威廉 · 史密斯
William Smith

威廉 · 威洛比 · 科尔
William Willoughby Cole

威廉 · 约翰 · 伯切尔
William John Burchell

沃尔特 · 布勒
Walter Buller

沃尔特 · 罗思柴尔德
Walter Rothschild

西姆斯 · 科温顿
Syms Covington

雅各布 · 赫夫纳格尔
Jacob Hoefnagel

亚当 · C. 梅瑟
Adam C. Messer

扬 · 萨弗里
Jan Savery

伊莱亚斯 · 阿什莫尔
Elias Ashmole

伊丽莎白 · 菲尔波特
Elizabeth Philpot

约翰 · 爱德华 · 格雷
John Edward Gray

约翰 · 奥巴代亚 · 韦斯特伍德
John Obadiah Westwood

约翰 · 奥谢
John O'Shea

约翰 · 贝林格
Johann Beringer

约翰 · 菲尔波特
John Philpot

约翰 · 菲利普斯
John Phillips

约翰 · 亨格福德 · 波伦
John Hungerford Pollen

约翰 · 亨斯洛
John Henslow

约翰 · 怀特赫斯特
John Whitehurst

约翰 · 基德
John Kidd

约翰 · 金登
John Kingdon

约翰 · 克里斯蒂安 · 法布里丘斯
Johan Christian Fabricius

约翰 · 罗纳德 · 鲁埃尔 · 托尔金
John Ronald Reuel Tolkien

约翰 · 罗斯金
John Ruskin

约翰 · 特拉德斯坎特
John Tradescant

约翰 · 休伊特
John Hewitt

约里斯 · 赫夫纳格尔
Joris Hoefnagel

约瑟夫 · 普雷斯特维奇
Joseph Prestwich

詹姆斯 · 爱德华 · 史密斯
James Edward Smith

詹姆斯 · 奥谢
James O'Shea

詹姆斯 · 布鲁斯
James Bruce

詹姆斯 · 查尔斯 · 戴尔
James Charles Dale

詹姆斯 · 德卡尔 · 索尔比
James de Carle Sowerby

詹姆斯 · 厄谢尔
James Ussher

詹姆斯 · 格雷厄姆
James Graham

詹姆斯 · 赫顿
James Hutton

詹姆斯 · 莱纳德 · 布赖尔利 · 史密斯
James Leonard Brierley Smith

詹姆斯 · 佩蒂夫
James Petiver

詹姆斯 · 坦南特
James Tennant

珍妮弗 · 马西森
Jennifer Mathison

朱迪 · 马萨尔
Judy Massare

朱莉娅 · 玛格丽特 · 卡梅隆
Julia Margaret Cameron

作品名

《伯切尔先生的马车里》
Inside Mr Burchell's Waggon

《地质模型系列说明》
Description of a Series of Geological Models

《典型蝇类》
Typical Flies

《动物的色彩》
The Colours of Animals

《动物志》
Historia animalium

《杜利亚安提奎尔：远古的多塞特郡》
Duria Antiquior: A More Ancient Dorsetshire

《渡渡鸟加伏特舞》
The Dodo Gavotte

《对地球原始状态和形成的研究》
An Inquiry into the Original State and Formation of the Earth

《格陵兰公告》
Meddelelser om Grønland

《古代石材》
Delle pietre antiche

《古代石材藏品目录》
Catalogo ragionato d'una collezione di pietre antiche

《龟鳖类专著》
Monograph of the Testudinata

《化石鱼类研究》
Recherches sur les poissons fossils

《活火山和死火山概述》
A Description of Active and Extinct Volcanoes

《甲虫概述》
Genera crustaceorum et insectorum

《甲壳纲与昆虫纲的普通自然史与专业自然史》
Histoire naturelle générale et particulière des Crustacés et des Insectes

《矿物学概述》*Outline of Mineralogy*

《矿物学基础介绍》
An Elementary Introduction to Mineralogy

《龙虾四对舞》
The Lobster Quadrille

《模型与兴趣之父乔治 · 赫夫纳格尔》
Archetypa studiaque patris Georgii Hoefnagelii

《牛津郡的自然史》
A Natural History of Oxfordshire

《葡萄酒精标本目录》
Catalogue for Specimens in Spirit of Wine

《琼斯图谱》
Jones' Icone

《世纪博物馆》
Musei Petiverion Centuria

《四足动物及蛇类志》
The History of Four-Footed Beasts and Serpents

《苏里南昆虫变态图谱》
Metamorphosis Insectorum Surinamensium

《坦普勒》
The Templar

《乌龟、水龟和海龟图谱》
Tortoises, Terrapins and Turtles Drawn

《系统昆虫学》
Systematica Entomologica

《现代昆虫分类入门》
An Introduction to the Modern Classification of Insects

《一条及时捕获的鱼》
A Fish Caught in Time

《英格兰和威尔士地层概略》
A Delineation of Strata of England and Wales

《英国的蝴蝶》
The Butterflies of Great Britain

《英国昆虫的自然史》
The Aurelian or Natural History of English Insects

《英国头足类动物化石》
British Fossil Cephalopods

《原因与影响》
Cause and Effect

《志留纪》
Siluria

延伸阅读

国际地层委员会（ICS，官网：www.stratigraphy.org）提供了关于地质时代的表格。

国际动物命名委员会（ICZN，官网：www.iczn.org）就正确使用动物的学名，向动物学界提供了建议。

Acland, H., and J. Ruskin, *The Oxford Museum*, Smith, Elder, London, 1859.

Agassiz, L., *Recherches sur les Poissons Fossiles*, I, Imprimerie de Petitpierre, Neuchatel, pp. [I]-XXXIII, 1-188, 1834.

Agassiz, L., *Recherches sur les Poissons Fossiles*, II (I), Imprimerie de Petitpierre, Neuchatel, 1835.

Anker, A., K.M. Hultgren and S. De Grave, '*Synalpheus pinkfloydi* sp. nov., a New Pistol Shrimp from the Tropical Eastern Pacific (Decapoda: Alpheidae)', *Zootaxa*, vol. 4254, no. 1, 2017, pp. 111-19.

Baerends, G.P., C. Beer and A. Manning (eds), *Function and Evolution in Behaviour: Essays in Honour of Professor Niko Tinbergen, FRS*, Clarendon Press, Oxford, 1975.

Buckland, W., 'Account of an Assemblage of Fossil Teeth and Bones of Elephants, Rhinoceros, Hippopotamus, Bear, Tiger, and Hyaena, and Sixteen Other Animals; Discovered in a Cave at Kirkdale, Yorkshire, in the Year 1821: With a Comparative View of Five Similar Caverns in Various Parts of England, and Others on the Continent', *Philosophical Transactions of the Royal Society of London*, vol. 112, 1822, pp. 171-236.

Buckland, W., 'Notice on the *Megalosaurus* or Great Lizard of Stonesfield', *Transactions of the Geological Society of London*, 2nd Series, 1, 1824.

Buckland, W., *Reliquiae diluvianae*: *or, Observations on the organic remains contained in caves, fissures, and diluvial gravel, and on other geological phenomena, attesting the action of an universal deluge*, 2nd edn, J. Murray, London, 1824.

Buckland, W., 'On the Discovery of Coprolites, or Fossil Faeces, in the Lias at Lyme Regis, and in Other Formations', *Transactions of the Royal Society of London*, series 2, vol. 3, 1829, pp. 223-36, pls 28-31.

Buckland, W., *Geology and Mineralogy Considered with Reference to Natural Theology*, 2 vols, W. Pickering, London, 1836.

Buller, W.L., *A History of the Birds of New Zealand*, John Van Voorst, London, 1873.

Carpenter, G.D.H., 'Notes by E. Burtt, B.S.c., F.R.E.S., on the Habits of a Species of *Oxypilus* (Mantidae), and the Flight of the Male of a Species of *Palophus*

(Phasmidae)', *Proceedings of the Royal Entomological Society of London, Series A*, 20 (7–9), 1945, pp. 82–3.
Chandler, P.J., 'Ethel Katharine Pearce (1856–1940) and Her Contribution to Dipterology', *Dipterists Digest*, vol. 16, no. 2, 2009, pp. 117–46.
Chancellor, G., A. diMauro, R. Ingle and G. King, 'Charles Darwin's *Beagle* Collections in the Oxford University Museum', *Archives of Natural History*, vol. 15, 1988, pp. 197–231.
Chen, C., K. Linse, J.T. Copley and A.D. Rogers, 'The "Scaly-Foot Gastropod": A New Genus and Species of Hydrothermal Vent-Endemic Gastropod (*Neomphalina: Peltospiridae*) from the Indian Ocean', *Journal of Molluscan Studies*, vol. 81, issue 3, 2015, pp. 322–34.

Corsi, F., *Catalogo ragionato d'una collezione di pietre di decorazione*, Rome, 1825.
Corsi, F., *Delle pietre antiche libri quattro*, Rome, 1828.
Darwin, C., *On the Origin of Species by Means of Natural Selection: or, The Preservation of Favoured Races in the Struggle for Life*, John Murray, London, 1860.
Davies, K.C., and J. Hull, *The Zoological Collections of the Oxford University Museum: A Historical Review and General Account, with Comprehensive Donor Index to the Year 1975*, Oxford University Press, Oxford, 1976.
De Grave, S., 'A New Species of Crinoid-Associated Periclimenes from Honduras (Crustacea: Decapoda: Palaemonidae)', *Zootaxa*, vol. 3793, no. 5, 2014, pp. 587–94.
D'Huarta, J.P., M.B. Nowak-Kemp and T.M. Butynski, 'A Seventeenth-Century Warthog Skull in Oxford, England', *Archives of Natural History*, vol. 40, no. 2, 2013, pp. 294–301.
Dupuis, C., 'Pierrre André Latreille (1762–1833): The Foremost Entomologist of His Time', *Annual Review of Entomology*, vol. 19, 1974, pp. 1–14.
Edmonds, J.M., and H.P. Powell, 'Beringer "Lügensteine" at Oxford', *Proceedings of the Geologists' Association*, vol. 85, 1974, pp. 549–54.
Filard, C., 'Why I Collected a Moustached Kingfisher', *Audubon*, 2015, www.audubon.org/news/why-i-collected-moustached-kingfisher (accessed 25 July 2017).
Garnham, T., *Oxford Museum: Deane and Woodward*, Phaidon Press, London, 1992.
Gordon, E.O., *The Life and Correspondence of William Buckland, D.D., F.R.S.: Sometime Dean of Westminster, Twice President of the Geological Society, and First President of the British Association*, John Murray, London, 1894.
Grierson, J., *Temperance, Therapy and Trilobites: Dr Ralph Grindrod: Victorian Pioneer*, Cora Weaver, Malvern, 2001.
Grindrod, R.B., Esq., M.D., LL.D. *The Templar; An Illustrated Temperance Treasury*, no. 132, pp. 285–9.
Lack, A.J., and R. Overall, *The Museum Swifts: The Story of the Swifts in the Tower of*

the Oxford University Museum of Natural History, Oxford University Museum of Natural History, Oxford, 2002.
Lomax, D., and J. Massare, 'A New Species of Ichthyosaurus from the Lower Jurassic of West Dorset, England, U.K.', *Journal of Vertebrate Paleontology*, vol. 35, 2015.
Lyell, K.M. (ed.), *Life, Letters and Journals of Sir Charles Lyell*, 2 vols, J. Murray, London, 1881.
Marquis Di Spineto, 'On the Zimb of Bruce, as Connected with the Hieroglyphics of Egypt', *London and Edinburgh Philosophical Magazine and Journal of Science*, vol. 4, no. 11, 1834, pp. 170–78.
Morris, M., 'The Apionidae (Coleoptera) of the Canary Islands, with Particular Reference to the Contribution of T. Vernon Wollaston', *Acta Entomologica Musei Nationalis Prague*, vol. 51, no. 1, 2011, pp. 157–82.
Nowak-Kemp, M.B., '150 Years of Changing Attitudes towards Zoological Collections in a University Museum: The Case of the Thomas Bell Tortoise Collection in the Oxford University Museum', *Archives of Natural History*, vol. 36, no. 2, 2009, pp. 299–315.
Nowak-Kemp, M., and J.P. Hume, 'The Oxford Dodo. Part 1: The Museum History of the Tradescant Dodo: Ownership, Displays and Audience', *Historical Biology*, vol. 29, no. 2, 2017, pp. 234–47.
O'Dwyer, F., *The Architecture of Deane and Woodward*, Cork University Press, Cork, 1984.
Pearce, E.K., *Typical Flies: A Photographic Atlas of Diptera Including Aphaniptera*, Cambridge University Press, Cambridge, 1915.
Phillips, J., *Memoirs of William Smith, LL.D., Author of the 'Map of the Strata of England and Wales'*, John Murray, London, 1844.
Poulton, E.B., *The Colours of Animals: Their Meaning and Use, Especially Considered in the Case of Insects*, D. Appleton and Company, New York, 1890.
Read, B., and J. Barnes, *Pre-Raphaelite Sculpture: Nature and Imagination in British Sculpture 1848–1914*, Lund Humphries, London, 1991.
Ross, A.C., *David Livingstone: Mission and Empire*, Continuum IPL, London, 2002.
Salmon, M.A., P. Marren and B. Harley, *The Aurelian Legacy: British Butterflies and their Collectors*, Harley, Colchester, 2000.
Smith, A.Z., *A History of the Hope Entomological Collections in the University Museum, Oxford with Lists of Archives and Collections*, Clarendon Press, Oxford, 1986.
Smithwick, F.M., 'Feeding Ecology of the Deep-Bodied Fish *Dapedium* (Actinopterygii, Neopterygii) from the Sinemurian of Dorset, England', *Palaeontology*, vol. 58, no. 2, 2015, pp. 293–311.
Sowerby, J., *The Mineralogy Conchology of Great Britain*, vol. II, B. Meredith, London, 1817.
Van der Meij, S.E.T., 'A New Species of Opecarcinus Kropp & Manning, 1987 (Crustacea: Brachyura: Cryptochiridae) Associated with the Stony Corals

Pavona clavus (Dana, 1846) and P. bipartita Nemenzo, 1980 (Scleractinia: Agariciidae)', *Zootaxa*, vol. 3869, no. 1, 2014, pp. 44-52.
Vernon, H., and K. Ewart, *A History of the Oxford Museum*, Clarendon Press, Oxford, 1909.
Wallace, A.R., *The Malay Archipelago: The Land of the Orang-Utan and the Bird of Paradise: A Narrative of Travel, with Studies of Man and Nature*, Macmillan, London, 1869.
Weinberg, S., *A Fish Caught in Time: The Search for the Coelacanth*, Fourth Estate, London, 1999.
Weiss, M., and J. Cameron, *Julia Margaret Cameron: Photographs to Electrify You with Delight and Startle the World*, Victoria and Albert Museum, London, 2015.
Westwood, J.O., 'Observations on the destructive species of Dipterous Insects known in Africa under the names of the Tsetse, Zimb, and Tsaltsalya, and their supposed connection with the fourth plague of Egypt', *Proceedings of the Zoological Society of London*, vol. 18, 1850, pp. 258-70, pl. 19, fig. 1.
Wollaston, T.V., *Insecta Maderensia: An Account of the Insects of the Islands of the Madeiran Group*, John Van Voorst, London, 1854.

[美]尼克·卡鲁索 [英]达尼·拉巴奥蒂 著

[美]伊桑·科贾克 绘

ISBN 9787508696386

[美]尼克·卡鲁索 [英]达尼·拉巴奥蒂 著

[美]伊桑·科贾克 绘

ISBN 9787521710670

[美]戴维·麦克尼尔 著

ISBN 9787521703610

[美]理查德·O. 普鲁姆　著

ISBN 9787508694788

[英]戴维·比尔林　著

ISBN 9787521712292